Treehoppers
ツノゼミ
ありえない虫
Incredible Insects

幻冬舎

Treehoppers
ツノゼミ

ありえない虫
Incredible Insects

はしがき

世界には少なくとも500万種の昆虫がいるといわれており、それぞれが違った姿形で、異なった生活を営んでいる。機会があれば、昆虫の体をじっくりと見てほしい。そこには私たち人間の想像を超えた造形を見出すことも少なくないはずである。

その想像しがたい姿をした昆虫の代表が、ツノゼミである。昆虫のひとつの小さなグループで、これほど形の多様なものはいない。

本書では、このツノゼミという自然の造形の豊かさの一端を紹介している。

図：「Fowler, W. W., 1894-1909. Biologia Centrali-Americana」より　彩色：著者

現在、地球上の生物の種数が急速に減少しつつある。ツノゼミも例外ではない。生息地の中心である熱帯林の伐採とともに、各地でたくさんの種が姿を消している。

本書を通じて生きものの形の豊かさ、すなわち生物の多様性に一人でも多くの人が愛情と慈しみをもっていただければ、これ以上の喜びはない。

自然は美しさに満ちている。風景だけではない。そこにすむ小さな生きものたちの形や彩りも、自然の美しさの大切な要素である。

Contents

New World ［北米・中南米］

多様性のるつぼ
ウツセミツノゼミ ほか
p.12

重厚な体
クロツヤナメクジツノゼミ ほか
p.10

ツノゼミの世界へ
ヨツコブツノゼミ
p.8

我ら毒もち
マルエボシツノゼミ ほか
p.20

ハチを背負って
ハチマガイツノゼミ ほか
p.18

技ありな角
ヘルメットツノゼミ ほか
p.16

植物になりたい 枯れ葉編
ユウヤケエボシツノゼミ ほか
p.30

植物になりたい たね・新芽編
ムギツノゼミ ほか
p.28

植物になりたい とげ編
バラトゲツノゼミ ほか
p.26

カフスボタンにいかが？
テントウツノゼミ ほか
p.38

職人魂
アリカツギツノゼミ ほか
p.36

ぶくぶくふくらんで
ブンブクチャガマツノゼミ ほか
p.34

北上したツノゼミ
テングツノゼミ ほか
p.46

弧を描く角
マメダヌキツノゼミ ほか
p.44

ツノゼミ動物園
アミメトサカツノゼミ ほか
p.42

Old World ［アジア・アフリカ・オーストラリア］

とんがった奴ら
ツリバリツノゼミ ほか
p.56

マーブル模様の迷彩服
マガタマツノゼミ ほか
p.54

熱帯の陽射しにきらめいて
ニトウリュウツノゼミ ほか
p.52

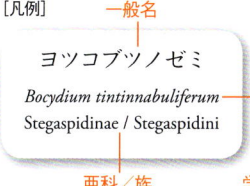
ちび丸ツノゼミ
ツマグロコツノツノゼミ ほか
p.64

旗をふるツノゼミ
オオハタザオツノゼミ ほか
p.62

おかしすぎるバランス感覚
マツタケツノゼミ ほか
p.60

[凡例]
一般名 ─ ヨツコブツノゼミ
Bocydium tintinnabuliferum
Stegaspidinae / Stegaspidini
亜科／族　学名

オーストラリアのツノゼミ
エントツツノゼミ ほか
p.72

アフリカのツノゼミ
フタバツノゼミ ほか
p.70

column
- ツノゼミって何？……14
- 〈ツノゼミの衣食住〉ありえない姿のひみつ……22
- 〈ツノゼミの衣食住〉菜食主義者……32
- 〈ツノゼミの衣食住〉アリと暮らす……40
- なかまとの会話……48
- 一寸の虫にも母の愛……58
- ツノゼミの一生……66
- 深度合成写真撮影法とは？……76

catalogue
- ものまねあれこれ……24
- ツノゼミ顔面カタログ……68

Japan ［日本］

そんじょそこらにもいる昆虫
ツノゼミの見つけ方
ニトベツノゼミ ほか
p.74

New World

［北米・中南米］

地平線のかなたまで広がる南米の熱帯雨林。
この広大な森は世界有数のツノゼミの宝庫。
世界でおよそ3100種報告されているツノゼミだが、
中南米の熱帯雨林にはその約半数の種が生息している。

ツノゼミの世界へ

ツノゼミの特徴はその空想的な姿にある。体長はほとんどの種でわずか数ミリと小さいが、そこには、地球生命史上、何度となく試みられてきた湧き出るような多様性の営みが凝縮されているとさえ思える。初めてツノゼミを見た人間は、誰もがその姿に驚きの声を上げ「何、これ？」と聞いてしまう。ツノゼミの世界へようこそ。発想力豊かな芸術作品をゆっくりとご堪能ください。

ヨツコブツノゼミ
Bocydium tintinnabuliferum
Stegaspidinae / Stegaspidini
採集地：ブラジル

奇抜度指数

珍奇な昆虫の代名詞としてつとに有名なツノゼミの代表格である。垂直に立ち上がった角、その上に枝分かれした4つのこぶと長いとげ。これがいったいどのような役目を果たすのか、説明できた者はいない。しいていえばアリの群れに似せているようにも見えるが、どうもちがう気がする。

8

4つのこぶが特徴

9　実際の大きさ

重厚な体

ツノゼミの特徴である"角"が単純なタイプ。頑丈で重厚そうな雰囲気を演出している。角のような突起がない種の場合は、角にあたる部分が体の全体をおおっている。

細かい毛が生えている

バナナシズクツノゼミ
Stictopelta squarus
Darninae / Darnini
採集地：ペルー
奇抜度指数

角のような突起がないタイプで背側が盛り上がる。色が色だけに若いバナナのような風情だ。

このツノゼミのなかまは、すべて体が大きい。2.5センチ以上あるものもいて、ツノゼミのなかでも最大の部類。色は茶か黒っぽいものが多い。クロツヤナメクジツノゼミは、角が長く上に曲がっていて、鋭くとがっている。

クロツヤナメクジツノゼミ
Hemikyptha atrata
Darninae / Hemikypthini
採集地：ペルー
奇抜度指数

頑丈かつ鋭利な角

キベリシズクツノゼミ
Darnis lateralis
Darninae / Darnini
採集地：ペルー

奇抜度指数

なめらかで、つやがある

黒い体に黄色が効いている。背側は高く盛り上がっていて頑丈なつくり。

しっぽのように反る

ネコの耳のような短い角があり、長い突起が後ろへ伸びる。全体に粗い毛が生えている。

ネコツノゼミ
Eualthe laevigata
Darninae / Hyphinoini
採集地：ブラジル

奇抜度指数

四角く盛り上がった部分がゾウのおでこのよう

高さのある姿をしている。成虫は1匹でいることが多い。

ゾウツノゼミ
Hyphinoe obliqua
Darninae / Hyphinoini
採集地：メキシコ

奇抜度指数

11

多様性のるつぼ

ツノゼミのなかで、容姿がもっとも多様なグループ。この5種は、翅にある筋模様から近いなかまといわれているが、角の形のバリエーションを見る限りとても信じられない。進化とは、まったく不思議な出来事である。

コケツノゼミ (p.68)
Smerdalea horrescens
Stegaspidinae / Microcentrini
採集地：メキシコ
奇抜度指数

コケに見まごう迷彩模様

湿った森の、コケが生えた木の上などにいるとても珍しい種。

セミのぬけ殻（空蝉）のよう

ウツセミツノゼミ
Oeda mielkei
Stegaspidinae / Stegaspidini
採集地：ペルー
奇抜度指数

つかんで運びたくなる

突起が後ろへ伸びて、翅との間にすき間をつくっている。それはまるで取っ手のようだ。

トッテツキツノゼミ
Lycoderides fuscus
Stegaspidinae / Stegaspidini
採集地：ブラジル
奇抜度指数

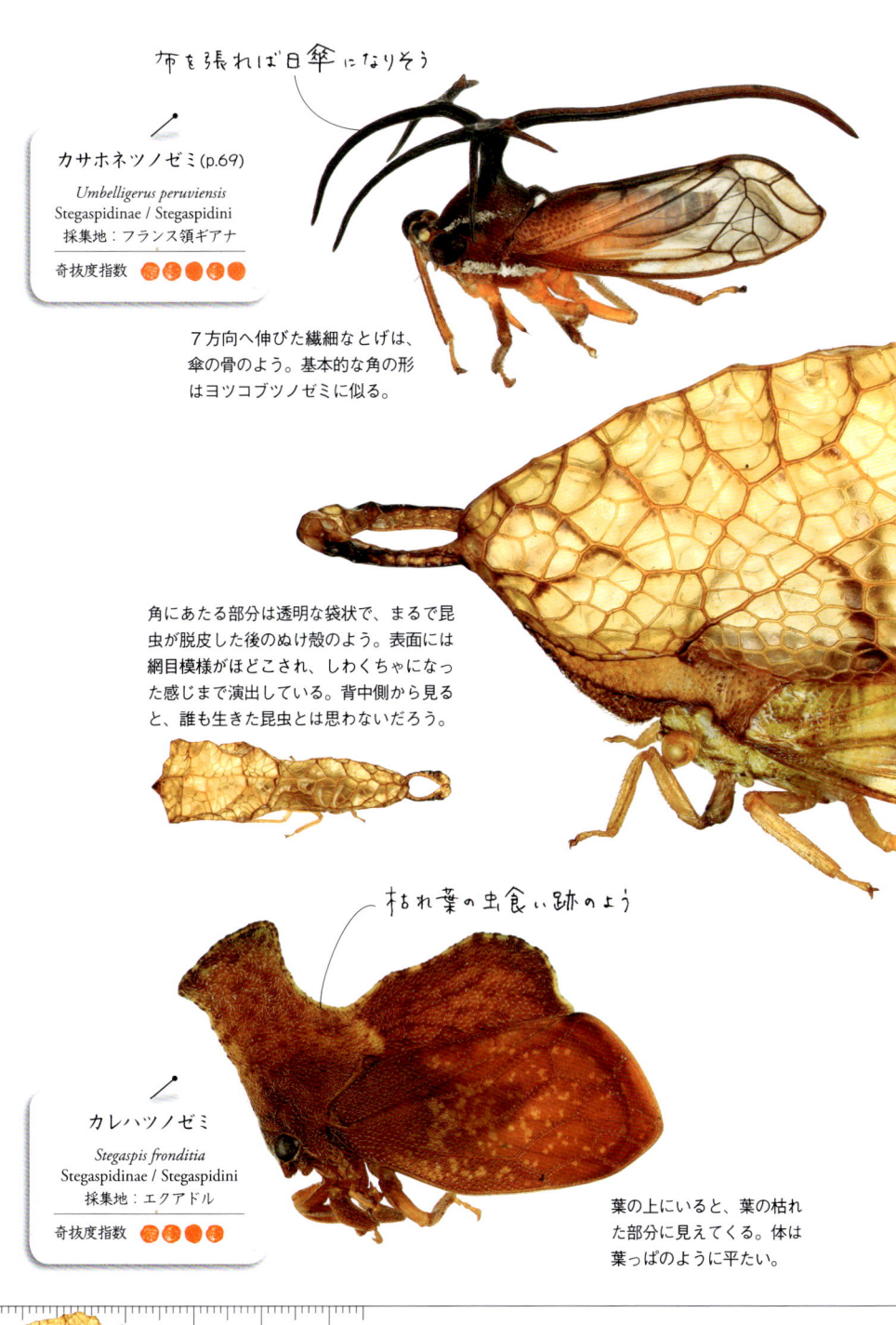

布を張れば日傘になりそう

カサホネツノゼミ (p.69)
Umbelligerus peruviensis
Stegaspidinae / Stegaspidini
採集地：フランス領ギアナ

奇抜度指数

7方向へ伸びた繊細なとげは、傘の骨のよう。基本的な角の形はヨツコブツノゼミに似る。

角にあたる部分は透明な袋状で、まるで昆虫が脱皮した後のぬけ殻のよう。表面には網目模様がほどこされ、しわくちゃになった感じまで演出している。背中側から見ると、誰も生きた昆虫とは思わないだろう。

枯れ葉の虫食い跡のよう

カレハツノゼミ
Stegaspis fronditia
Stegaspidinae / Stegaspidini
採集地：エクアドル

奇抜度指数

葉の上にいると、葉の枯れた部分に見えてくる。体は葉っぱのように平たい。

ツノゼミって何?

ツノゼミは名前にセミとつくけれど、セミとは異なるグループの昆虫だ。体長数ミリしかないごくごく小さな生きもので、植物の汁を吸って生きる平和な昆虫である。セミに似た翅をもち、飛ぶこともできる。後ろあしで蹴り、直線的に跳ねて逃げることもできることから、英語ではTreehopper（木の上を跳ねる虫）という。

大きさは種によって異なり、2〜25ミリほど。あまりに小さく、人間の世界では見過ごされがちだ。観察するのには肉眼ではなく、ルーペが必要となる。ひとたびその姿を拡大して見ると、肉眼では粒にしか見えなかったその体が、じつに空想的でユニークな芸術作品であることがわかる。

昆虫の体は、頭、胸、腹の3つの部分からできている。そして胸は3つの節に分かれ、前胸、中胸、後胸といい、それぞれに1対のあしがついている。さらに中胸、後胸の背中にはそれぞれ1対の翅が生えている。残る前胸の背中には、ふつう何も生えていない。

ツノゼミは、その前胸に翅の遺伝子が働いてできた付属物（角）を新たに生やしている、という最新の学説がある。3対目の翅とも言えるその付属物は、飛ぶという機能的な制約から解き放たれ、じつにさまざまな形へ変化を遂げたという。ツノゼミの形の多様性が昆虫のなかで群を抜く理由は、そこにあるのかもしれない。

昆虫の分類ではカメムシ目のなかのツノゼミ科というグループに入っている。カメムシ目にはほかにヨコバイ科、セミ科、アブラムシ科、カメムシ科などのグループがある。すべてに共通する特徴は、針のように細くてかたいストロー状の口をもつことだ。

ツノゼミは、北米や中南米、アジア、アフリカ、オーストラリアなど、地球上の広い範囲に生息しているツノゼミは、陽射しと湿気を好む昆虫で、陽当たりの

前翅
飛ぶことはできるが得意でないものも多い

前胸の付属物
ツノゼミたるゆえんの部分。奇抜な造形で意味不明なものも多い

後翅

腹

頭
目
あし

オオハタザオツノゼミ
Gigantorhabdus enderleini

前胸の付属物
腹
目
頭
胸
あし

よい草原や川沿いの低木などをすみかに選ぶことが多い。樹木でこみ合った暗い森より、陽当たりがよく、飛ぶための空間がある林の周辺部などを好む。熱帯雨林では、はるか高い木のこずえ近く

で暮らす種もいる。風の弱い午前中から午後にかけてがいちばん活発に飛翔するようだ。これは、風が強いとツノゼミのバランスの悪い体がうまく制御できないからではないか。

技ありな角

ツノゼミの奇抜な角の役割はほとんどわかっていないが、いくつかの種ではその機能を推測することができる。かれらは常識の壁を軽々と飛び越え、なんとさまざまな方向へ進化してきたものか。

この継ぎ目からぽろりと取れる

丸く大きな角は、わずかな部分でしか体とつながっていない。敵につかまるとその部分が取れて、残った本体は逃げおおせることができる。

ヘルメットツノゼミ
Anchistrotus discontinuus
Heteronotinae / Heteronotini
採集地：ペルー

奇抜度指数

つついてもこの角は取れない

メノウツノゼミ
Omolon laporti
Heteronotinae / Heteronotini
採集地：ブラジル

奇抜度指数

ヘルメットツノゼミと似ているが、角の部分に継ぎ目はなく、つまんでもはずれない。

16

ハエツノゼミ
Metcalfiella pertusa
Membracinae / Hoplophorionini
採集地：ブラジル
奇抜度指数

ハエのような姿と透明な翅(はね)

ハエのようにブンブン飛ぶ。すばしっこいハエをまねているようだ。

薪(たきぎ)の燃えかすにも見える

じっと動かないと、カビに感染して死んだツノゼミにそっくり。

カビは生きものにとって重大な敵。カビた虫は鳥も食べない。それを利用したツノゼミがこちら。

モエカスツノゼミ
Hypsoprora albopicta
Membracinae / Hypsoprorini
採集地：エクアドル
奇抜度指数

カビツノゼミ
Notocera crassicornis
Membracinae / Hypsoprorini
採集地：ペルー
奇抜度指数

あたかもカビが生えているよう

しわの感じも虫のふんそのもの

ふつうの虫でいたいのか、ふんになりたいのか。鳥などから見たら食べ物には見えないのだろう。

ムシクソモドキツノゼミ
Erechtia gibbosa
Membracinae / Membracini
採集地：エクアドル
奇抜度指数

ムシクソツノゼミ
Bolbonota sp.
Membracinae / Membracini
採集地：エクアドル
奇抜度指数

ちょっとだけ模様がある

葉の上に転がったいもむしのふんそっくり。当然、そんなものは誰も食べない。

ハチを背負って

このなかまの角はハチに似ている。ハチの腹のようなこぶのほか、腰のくびれまであったりして、それぞれにくいほど工夫している。成虫は1匹でいることが多く、体は小さくても気は強い。近づくと翅をふるわせて威嚇する。身も心もハチになりきっているのかもしれない。

針のあるおしりをふり上げている感じ

ハチマガイツノゼミ (p.68)
Heteronotus horridus
Heteronotinae / Heteronotini
採集地：フランス領ギアナ
奇抜度指数

とげが細くて長い

トラハチマガイツノゼミ
Heteronotus spinosus
Heteronotinae / Heteronotini
採集地：ペルー
奇抜度指数

アミメハチマガイツノゼミ
Heteronotus reticulatus
Heteronotinae / Heteronotini
採集地：ブラジル
奇抜度指数

鬼の角のようなとげがある

18

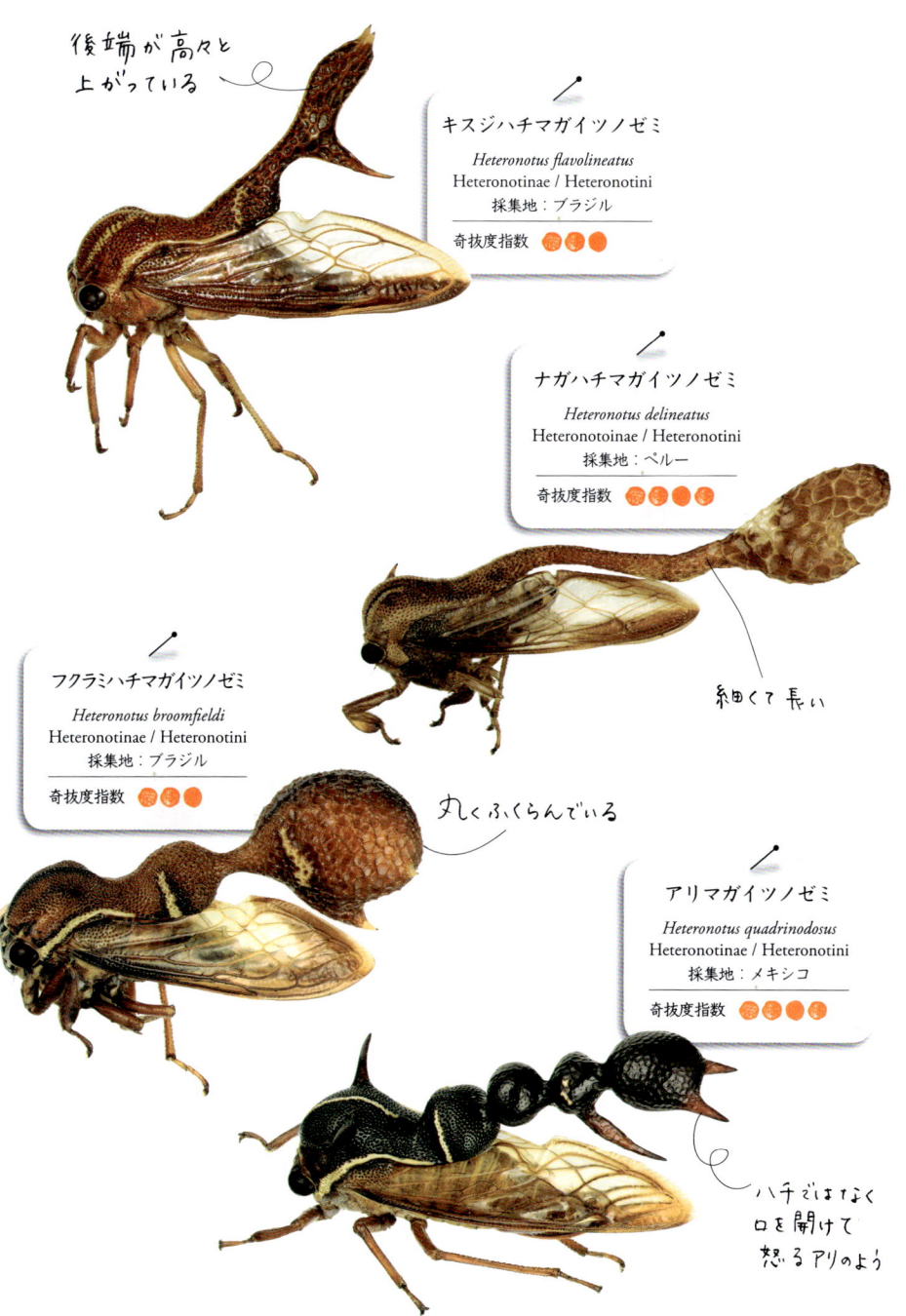

我ら毒もち

ツノゼミには、植物のとげやハチなど、何かのまねをして身を守るものが多い。

しかしなかには、堂々と毒の自分をさらけ出しているものもいる。

かれらは植物から吸収した毒を体にため込んでいて、派手な姿をすることで鳥などの捕食者にそのことを警告している。

反対側からは、白い模様が平仮名の"ら"に見える

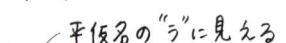

マルエボシツノゼミ
Membracis foliatafasciata
Membracinae / Membracini
採集地：エクアドル
奇抜度指数

エボシツノゼミのなかまはきれいな模様のあるものが多く、正面から見ると体は薄っぺらで平たい(p.69)。マルエボシツノゼミは横から見ると見事な半円形で、黒地に鮮やかな白い模様がある。

黄色い帯がますます毒々しい

平たい角がある

キオビエボシツノゼミ (p.69)
Phyllotropis fasciata
Membracinae / Membracini
採集地：エクアドル
奇抜度指数

イツモンタテエボシツノゼミ
Enchophyllum quinquemaculatum
Membracinae / Membracini
採集地：エクアドル
奇抜度指数

このツノゼミが葉の裏に一列に並ぶさまは、遠くからでもよく目立つ。が、鳥は素通りする。

黒地に黄色という配色は毒のあるハチでもよく見られ、動物にはもっとも毒々しく見える色使いのひとつである。

自然界でもよく目立つ

半円形の大型種である。ちらっと入った赤い斑紋がポイント。

アカモンマルエボシツノゼミ
Membracis sanguineoplaga
Membracinae / Membracini
採集地：ブラジル

奇抜度指数

イチゴのたねのような黒い紋

イチゴツノゼミ (p.68)
Heranice miltoglypta
Smiliinae / Polyglyptini
採集地：コロンビア

奇抜度指数

鮮烈な赤でも、熱帯では花や落ち葉にまぎれると案外目立たない。とまる場所によって、目立つ場合と、目立たない場合とがある。

ほっぺのあたりが赤い

ホオベニミズタマツノゼミ
Adippe zebrina
Smiliinae / Polyglyptini
採集地：メキシコ

奇抜度指数

派手な色が集合すると毒々しくなることも多い。このツノゼミが群れで生活するようすはとても強烈。

ツノゼミの衣食住　ありえない姿のひみつ

衣

ツノゼミの特徴は、何といってもその角にある。角の形や色にバリエーションをもたせることで、さまざまな種に多様化してきた。その形は角ということばに見合うシンプルな突起状のものから、あちらこちらへ盛り上がりふくれ上がり、はるか後方まで伸びているものさえある。そうなるとはや動き回るのが困難に思えるほどだ。なぜそんなことになってしまったのか。それを解き明かすのは難しい。生物の形には、それをもつものにとって何らかの意味があるものだが、ツノゼミの突拍子もない姿にはどんな優れた学者も頭をひねっている。

ツノゼミは、一生を植物の上で過ごす。休むときも食事をとるときも、産卵するのも植物の上だ。ここにツノゼミの容姿の秘密が隠されている。植物の上にいる姿が目立たなければ、それだけで生存率が上がるのだろう。実際ツノゼミには、植物の芽やとげに似せているのではないかと思われるものもいる。ハチなどの危険な生きものに似ているものから、いもむしのふんや、果ては昆虫の脱皮したぬけ殻まで、食べてもおいしくないものになりきっているものが多い。かれらがまねをする対象は何でもござれの多彩ぶりで、しかもどれもその技は念入りで巧妙だ。

とはいえ、ありえないほど空想的な装いすぎて、果たして何のものまねをしているのかわからないものもいる。もともとは何かのものまねをしていたのかもしれないが、次第にエスカレートしてもはや何に似せているのか見当もつかない。一般的には

植物以外のもののものまねをしていると思われる種もいる。

色や形のものが多い。そのような種では、茎にとまっているときの姿勢や方向にも気を配っている。腹を茎にぴったりとつけ、あしを体の側面に行儀よくそろえると、植物との間にすき間が一切なくなる。こうなると植物と一体化して、なかなか気がつかないものである。

22

並んでとまるバラトゲツノゼミ Umbonia spinosa（ガイアナ）

「過剰進化」と説明されるほどである。しかしツノゼミの奇抜な容姿は、ほかの生きものに食べられないための工夫であり、生きるための技なのだろう。そのことをただひたすら思い詰めるあまり、あのような異形の生物になったのかと考えてしまう。アリのような強力なあごも、ハチのような毒の針ももたないツノゼミにできる、最良の保身術なのだ。

攻撃姿勢のアリに似た突起物をもつ
アリカツギツノゼミ
Cyphonia clavata（エクアドル）
ふくらみとくびれのあるアリの体、
触角のような突起、そして後ろあし
の一部だけ黒いのはアリのあしのよ
うに見える

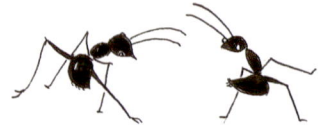

ものまね あれこれ

ものまね名人のツノゼミ。
まねをする対象はさまざま。
ものまねの技はじつに念入り。

枝の付け根に生えている芽に寄り添ってじっと動かないコツノツノゼミの一種
Tricentrus sp.（マレー半島）
少し離れると芽にまぎれて、虫がいるとはなかなか気がつかない

24

ぴったり茎にくっついていると木の芽に見える
ミドリキノメツノゼミ
Guayaquila xiphias (エクアドル)

体にカビが生えているように見える
モエカスツノゼミ
Hypsoprora albopicta (エクアドル)
このなかまはじっと動かずにいるので、
死んでいるように見える

黒と黄色の模様がハチに似た
ヒメハチマガイツノゼミ
Heteronotus vandamei (エクアドル)
ハチは人を刺すので、
嫌われることが多い生きものだ

ムシクソツノゼミの一種
Bolbonota sp. (エクアドル)
葉の上に転がっているようすは、いもむしの
ふんそのもの。つかまえようとすると、飛ん
で逃げるのではなく葉の上をころころ転がっ
て落ちる

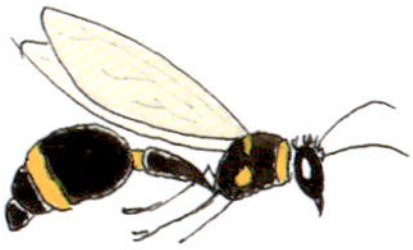

25

バラトゲツノゼミ (p.68)
Umbonia spinosa
Membracinae / Hoplophorionini
採集地：ペルー
奇抜度指数

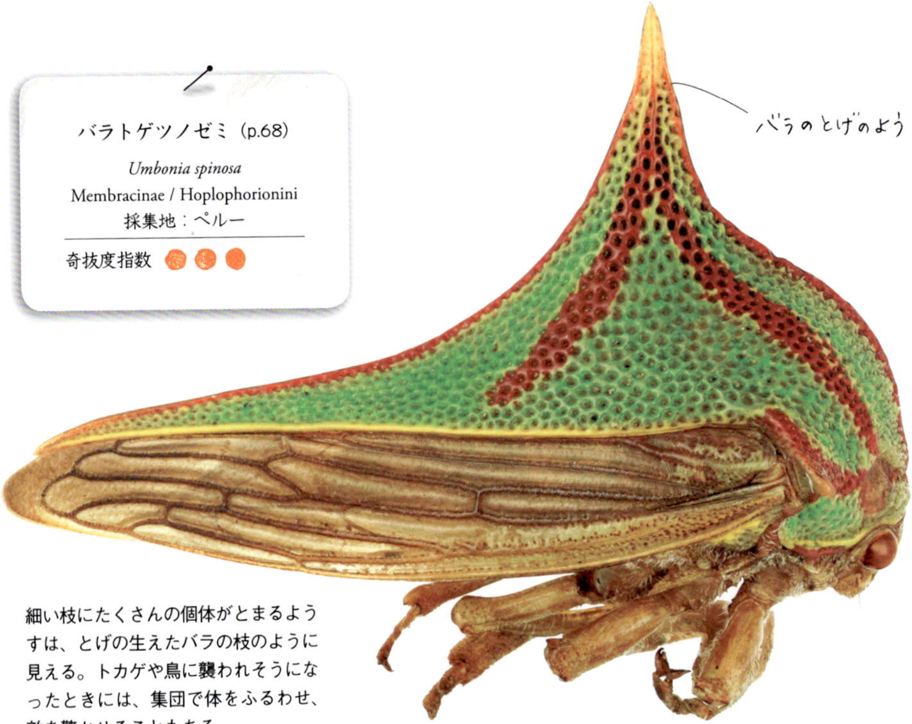

バラのとげのよう

細い枝にたくさんの個体がとまるようすは、とげの生えたバラの枝のように見える。トカゲや鳥に襲われそうになったときには、集団で体をふるわせ、敵を驚かせることもある。

縁どりがある
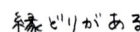

熱帯は植物の種類が多く、とげの形もいろいろ。なかにはこのツノゼミのように、3方向に伸びたとげをもつ植物もある。

フチドリミツカドツノゼミ
Alchisme tridentata
Membracinae / Hoplophorionini
採集地：コロンビア
奇抜度指数

植物になりたい とげ編

植物のふりをして肉食性の敵の目をごまかす作戦は、昆虫ではよくある進化の形である。ツノゼミにも、徹底して植物になりきっているものが多い。なかには降り立つ植物の種類を選んでいるものさえいる。

26

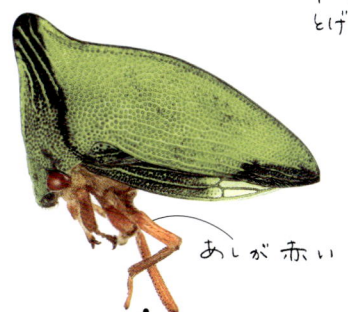

あしが赤い

アカアシマルトゲツノゼミ
Notogonioides erythropus
Smiliinae / Polyglyptini
採集地：ブラジル

奇抜度指数

枯れかけた植物の とげのような色合い

植物には、緑のほか黄色や茶色の枝もある。このツノゼミはそんなところにとまると自然なとげに見える。

トガリヒメトゲツノゼミ
Ennya chrysura
Smiliinae / Polyglyptini
採集地：ペルー

奇抜度指数

枝の突起の形も植物によって千差万別。突起やとげをまねるツノゼミもいろいろである。

横につき出た突起がある

1匹でいると中途半端な突起でも、集団で枝にとまると、あたかもとげのように見える。

小枝から伸びた 小さな突起のよう

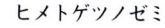

ヒメトゲツノゼミ
Ennya pacifica
Smiliinae / Polyglyptini
採集地：ブラジル

奇抜度指数

ヨコトゲツノゼミ (p.69)
Antianthe expansa
Smiliinae / Smiliini
採集地：メキシコ

奇抜度指数

熱帯の植物には、つやのある枝葉をもつものが多い。このツノゼミはそんな植物の質感にそっくり。

弓なりに曲がる

フナガタツノゼミ
Cymbomorpha vaginata
Darninae / Cymbomorphini
採集地：フランス領ギアナ

奇抜度指数

これは植物の茎の丸い出っ張りになりきっているのだろうか。

27

植物になりたい
たね・新芽編

植物には、とげ以外にもツノゼミがまねをするのに格好の部分がある。たねや新芽がそれだ。もともと角のあるツノゼミには、とがったたねや新芽は、まねやすい対象だったのかもしれない。

きれいに筋が並ぶ

たねはたねでも、熟す前の若いたねによく似ている。同時に植物の突起のようにも見える。

コタネツノゼミ
Dioclophara viridula
Smiliinae / Polyglyptini
採集地：エクアドル
奇抜度指数

表面の筋や模様がたねらしさを引き立てる

植物のたねにもいろいろあるが、米や麦といったイネ科植物の細長いたねに形が似ている。ふつうはたねが直接実らない葉の裏や枝にも、たねになりきってとまったりする。

ムギツノゼミ
Polyglypta costata
Smiliinae / Polyglyptini
採集地：ベネズエラ
奇抜度指数

枯れ葉の色調変化を
繊細に表現

ユウヤケエボシツノゼミ
Enchenopa concolor
Membracinae / Membracini
採集地：エクアドル

奇抜度指数

枯れた葉をよく見ると、決して茶色一色ではないことに気づく。枯れ葉やその破片を正確にまねるのであれば、いくつかの色を使うのも手である。

植物になりたい
枯れ葉編

植物は植物でも枯れた植物となると、それを食べる生きものはとたんに少なくなる。たいていは見向きもしない。植物の枯れた部分をまねるのは、もっとも襲われにくい方法のひとつである。

新芽が出た後、花が開いた後、植物上に茶色い破片が積もることがある。その破片にそっくり。

チャイロヒメエボシツノゼミ
Leioscyta sp.
Membracinae / Membracini
採集地：エクアドル

奇抜度指数

翅(はね)の色にまで
気を使う

30

自然の造形はさまざまである。このツノゼミも、自然界では目立たないのかもしれない。

不規則な出っ張りがある

ツノナシツノゼミ
Endoiastus caviceps
Endoiastinae / Endoiastini
採集地：エクアドル

奇抜度指数

チョコチップツノゼミ
Notocera brachycera
Membracinae / Hypsoprorini
採集地：ブラジル

奇抜度指数

やや盛り上がる

エグレツノゼミ
Entylia carinata
Smiliinae / Polyglyptini
採集地：ブラジル

奇抜度指数

角らしい角はないが、体のすみずみまで色に気を配っている感じである。小さく、そして細い。

波のような模様がある

若い茎にとまっていることが多い。枯れた植物の破片に見えるため、なかなか気がつかない。

パンクズツノゼミ
Hypsoprora expansa
Membracinae / Hypsoprorini
採集地：ブラジル

奇抜度指数

縁がぎざぎざしている

これだけ見てもそう思わないが、自然界では植物の破片に見えるから不思議。

ツノゼミの衣食住

菜食主義者

ツノゼミは生涯を通して植物の上で生活する。

植物の上で生まれ、植物の上で恋をして、植物に卵を産みつける。そうなると当然食べ物も植物からとるのが合理的である。じっさいツノゼミは、植物の汁を吸ってそこからすべての栄養をとる菜食主義者だ。

植物の汁には糖分が豊富にふくまれているけれど、生物が生きるのに必要な栄養素であるアミノ酸には乏しい。そのため、植物から必要なだけのアミノ酸をとろうと思うと、糖分のとり過ぎになってしまう。そこでツノゼミは、余分な糖分を水とともに体の外へ捨てている。ツノゼミのおしっこにふくまれる糖分は非常に多いのだ。ツノゼミに近いグループの昆虫にアブラムシのなかまがいるが、アブラムシもまた植物の汁から栄養をとって生きている。アブラムシがびっしりついた植物の下に車を停めておくと、糖分を多くふくんだおしっこが雨のように降り注ぎ、フロントガラスがべたべたになるほどである。

ツノゼミは植物の汁を吸うために特別な口をもっている。針のように先がとがり、中は空洞でストローのようになっている。セミの口と同じような構造である。ツノゼミの何倍も体の大きいセミの場合、かたい幹に口を刺して木の汁を吸うが、体長わずか数ミリのツノゼミの口では到底歯が立たない。多くのツノゼミが吸うのは、やわらかい茎や葉っぱの汁だ。

植物は成長するにつれ、葉や茎の表面が次第にかたくなっていくが、開いたばかりの葉や、伸びはじめの茎はまだやわらかい。植物と付き合いの長いツノゼミはこのことをよく知っていて、若い茎の先っちょ辺りにいることが多い。この部分は茎の表面がまだやわらかく、口を突き刺して汁を吸うのが楽なのである。

植物の汁の味は、種類によってちがいがありそうだ。酸っぱいものや苦いもの、甘いものや辛い

もの。ツノゼミにも味の好みはあるのだろう。これまでの観察では、種によって好き嫌いがはっきりしているタイプと、比較的いろいろな種類の植物の汁を吸っているタイプとがいることがわかっている。

食事中のハラアカツキサジツノゼミ
Cyphonia trifida（エクアドル）
あしの間に見えている針のような口を
突き刺して、植物の汁を吸っている

ぶくぶくふくらんで

ツノゼミの角のつくりには、扁平なもの、とげのあるもの、全体にふくらんだものなど、いろいろある。ここで紹介するツノゼミはあちらこちらをふくらませ、一風変わった容姿をつくりあげた。

たれをからめた串団子のようにも見える

アブクツノゼミ
Antonae nodosa
Smiliinae / Ceresini
採集地：ペルー
奇抜度指数

ツノゼミのふくらみの中は空洞であることが多い。このツノゼミではそのことがよくわかる。

大きくふくらんでいる

ブンブクチャガマツノゼミ
Parantonae dipteroides
Smiliinae / Ceresini
採集地：グアテマラ
奇抜度指数

昔話に登場する茶釜に化け損なったタヌキのように、黒い鉄瓶から体が出ているようである。ただし、背中からみると、後ろのふくらみはハエの腹部のように見える。

34

三本に分かれたとげ

マーブルミツマタツノゼミ
Poppea torva
Smiliinae / Ceresini
採集地：グアテマラ

奇抜度指数 🟠🟠

陶器や鉄器のような質感をもつツノゼミ。後方の三つ叉のとげは何のためにあるのだろう。

やはり三本に分かれたとげ

形は同じようでも色のちがいで種の異なるツノゼミがいる。この昆虫の多様さを感じる。

ニンジンミツマタツノゼミ
Poppea rectispina
Smiliinae / Ceresini
採集地：グアテマラ

奇抜度指数 🟠🟠

アリの頭のよう

クロミツマタツノゼミ
Poppea vestigia
Smiliinae / Ceresini
採集地：グアテマラ

奇抜度指数 🟠🟠

黒というのは案外目立つ色である。三つ叉のとげをもつが、どこかアリに似ていなくもない。

作り物のように鮮やかな配色

サキワレツノゼミ (p.68)
Smilidarnis fasciatus
不明／不明
採集地：ブラジル

奇抜度指数 🟠🟠🟠🟠

このツノゼミは特徴があいまいで、今のところどのグループにも分類されていない珍種である。

職人魂

アリの多くは気が荒く、毒針(どくしん)をもっていたりくさい匂いを出したりもして、ほかの生きものに嫌われることの多い存在である。角に丸いこぶをもつツノゼミは、そのようなアリを念入りにまねることで身を守っていると考えられている。

黒い後ろあしが踏ん張るアリの前あしに見える

近くで見てもあまりアリには似ていない。ところが、遠くから見ると、じつによくアリに似た雰囲気をもっていることがわかる。腹部が植物と同じ緑色をしていることも、なぜか後ろあしの一部だけ色が濃いことも、すべて遠目にアリの姿として浮かび上がるのを助けている。

アリカツギツノゼミ
Cyphonia clavata
Smiliinae / Ceresini
採集地：ブラジル

奇抜度指数

突き匙(フォーク)のようなとげ

角が鋭いとげとなり、捕食者には食べにくい形。赤い腹部はそれを警戒させる色彩なのかもしれない。

ハラアカツキサジツノゼミ

Cyphonia trifida
Smiliinae / Ceresini
採集地：エクアドル

奇抜度指数

腹部まで黄色と黒をあしらって警告

黄色と黒の配色は、危ないことを伝える警告色となり、角の鋭さを引き立てている。

まだら模様は目立ちにくい

キスジツキサジツノゼミ

Cyphonia sp.
Smiliinae / Ceresini
採集地：ペルー

奇抜度指数

ベッコウツキサジツノゼミ

Cyphonia punctipennis
Smiliinae / Ceresini
採集地：ブラジル

奇抜度指数

複雑怪奇な形はともかく、このような色彩になると、枯れた植物の破片のようで逆に目立たない。

鳥肌が立っているようなぶつぶつ具合

アラメアリカツギツノゼミ

Cyphonia clavigera
Smiliinae / Ceresini
採集地：ブラジル

奇抜度指数

アリは世界に1万種以上が知られ、その容姿もさまざま。こんなごつごつした茶色いアリも多い。

37

横に出っ張る鋭い突起

トゲカメノコツノゼミ (p.68)
Todea cimicoides
Smiliinae / Tragopini
採集地：エクアドル
奇抜度指数

そばにいたカメムシとよく似ていた。くさい匂いを出すことで嫌われるカメムシのまねをしているのだろうか。

カフスボタンにいかが？

ツノゼミには角の形をお椀状に変化させて体をおおっているものが少なくない。それはまるで、かたい翅で体をおおったカブトムシやテントウムシのよう。このツノゼミのグループはアリとの関係が深い。

テントウツノゼミ
Anobilia luteimaculata
Smiliinae / Tragopini
採集地：エクアドル
奇抜度指数

黄色い水玉模様が愛らしい

テントウムシには毒があり、派手な模様はそのことを示す色である。このツノゼミはそれをまねしている。

ニジモンカメノコツノゼミ
Tropidolomia auriculata
Smiliinae / Tragopini
採集地：ペルー
奇抜度指数

横に張り出した突起は幅が広く、スプーンのような形をしている。

虹のような光沢がある

模様のさり気なさがお洒落

ウルシヌリツノゼミ
Tragopa irrorata
Smiliinae / Tragopini
採集地：エクアドル
奇抜度指数

アリが木の枝につくった、木屑のトンネルの中にすむ。アリには腹の先から出す甘露を提供する。

寄木細工のような模様

ヨセギザイクツノゼミ
Horiola picta
Smiliinae / Tragopini
採集地：エクアドル
奇抜度指数

背面の寄木細工のような模様が美しい。個体によって模様が少しずつ異なり、同じものはいない。

アルファベットのMあるいはWのような模様

ツヤケシカメノコツノゼミ
Colisicostata sp.
Smiliinae / Tragopini
採集地：ペルー
奇抜度指数

つねにアリに守られて生活する。表面の質感はなぜかアリの頭によく似る。

ツノゼミの衣食住 アリと暮らす

ツノゼミは植物の汁を吸って生きている。植物の汁には糖分が多くふくまれているので、余った分は水といっしょに体の外へ出す。ツノゼミは甘いおしっこをするのである。

アリにとって、ツノゼミが出すこの甘い露はとても魅力的。甘露欲しさに始終ツノゼミにつきまとう。アリはかんだり刺したりするので、ほかの生きものから嫌われることが多いのに、ツノゼミはつきまとうアリを怖がることはない。アリの方もツノゼミを攻撃しようとは思っていないようで、その関係はまったく友好的なものである。

シロスジトサカツノゼミ
Tritropidia bifenestrata の
体を触角でやさしくたたいて
甘露をねだるカタアリの一種
Dolichoderus sp.（エクアドル）

じつはアリは甘露をもらう代わりに、ツノゼミの護衛を引き受けている。アリがそばに控えているおかげで、ツノゼミはクモやほかの昆虫などに襲われにくいのだ。しかもアリはただそばにいるだけではなく、ツノゼミを危険から守ろうと努力する。小枝や指を近づけると、するどい牙で攻撃をしかけてくる。さらにちょっかいを出そうものなら、大あごでツノゼミの幼虫をくわえ上げ、すたこらと逃げ回るものさえいる。また、同じようにに甘露を出してアリに守ってもらっているアブラムシのなかまには、アリが露をなめないと、体の

マルツノゼミの一種 *Gargara* sp. の
群れと暮らすシリアゲアリの
一種 *Crematogaster* sp.（マレー半島）
成虫のほか、茎と同じ色をした
幼虫もいる

汚れが原因で死んでしまうものもいるという。このことを考えると、ひょっとするとアリはツノゼミの体を清潔に保つ役割も担っているのかもしれない。

アリの甘露好きは筋金入りで、ときには1匹のツノゼミに40〜50匹のアリが押し寄せて、遠くから見ると黒い球が枝についているように見えることがある。植物の汁を吸えないアリにとって、翅（はね）がまだなく自発的に動き回ることの少ないツノゼミの幼虫は、植物上に設置された甘露を出す蛇口のようなもの。幼虫の腹の先は細長い筒状で、その先端は円く開き、まさに蛇口のようである。アリが触角でやさしく幼虫の体をとんとんたたくと、蛇口から甘い露がぷわんとしみ出すしくみだ。

アリには、つねにツノゼミのそばにいる家飲みタイプと、巣との行き来の途中でちょっと一杯立ち寄りタイプとがいて、アリの種によって決まっているようだ。いろいろなツノゼミといろいろなアリが仲良くいっしょに暮らしている。

腹の先から甘露を出す
マルツノゼミの一種 *Gargara* sp. と、
甘露をねだるツムギアリ
Oecophylla smaragdina（ボルネオ島）

チャイロアトキリツノゼミ *Hemicentrus* sp. の
幼虫と、甘露をもらいにやってきたツムギアリ
Oecophylla smaragdina（タイ）
幼虫の腹の先が、
甘露の出る蛇口のようになっている

ツノゼミ動物園

ツノゼミの形の面白さは、見る者の想像をかきたてる。なかには動物を連想させる模様や姿のものもいる。

シマウマやトラに通じる縞模様

シマウマツノゼミ
Smiliorachis octilinea
Heteronotinae / Heteronotini
採集地：ブラジル
奇抜度指数

黒地に白い筋模様には、輪郭をあいまいにして敵の目をくらます効果があるといわれる。

長いもにおおわれる

フタコブラクダといいたいところだが、前後に2対のこぶがありヨツコブだ。

ラクダツノゼミ
Lallemandia nodosa
Smiliinae / Amastrini
採集地：コスタリカ
奇抜度指数

後ろへ伸びる突起はなく、コンパクトな装い

空気の泡のような水玉模様

ミミズクツノゼミ
Tolania sp.
Nicomiinae / Tolaniini
採集地：ブラジル
奇抜度指数

ハツカネズミツノゼミ
Nassunia sp.
Heteronotinae / Heteronotini
採集地：ブラジル
奇抜度指数

青みがかった色のツノゼミは大変珍しい。角の部分だけが黒く、ネズミの耳のように見える。

丸みをおびた部分に短い角があり、フクロウのなかまのミミズクを連想させる。

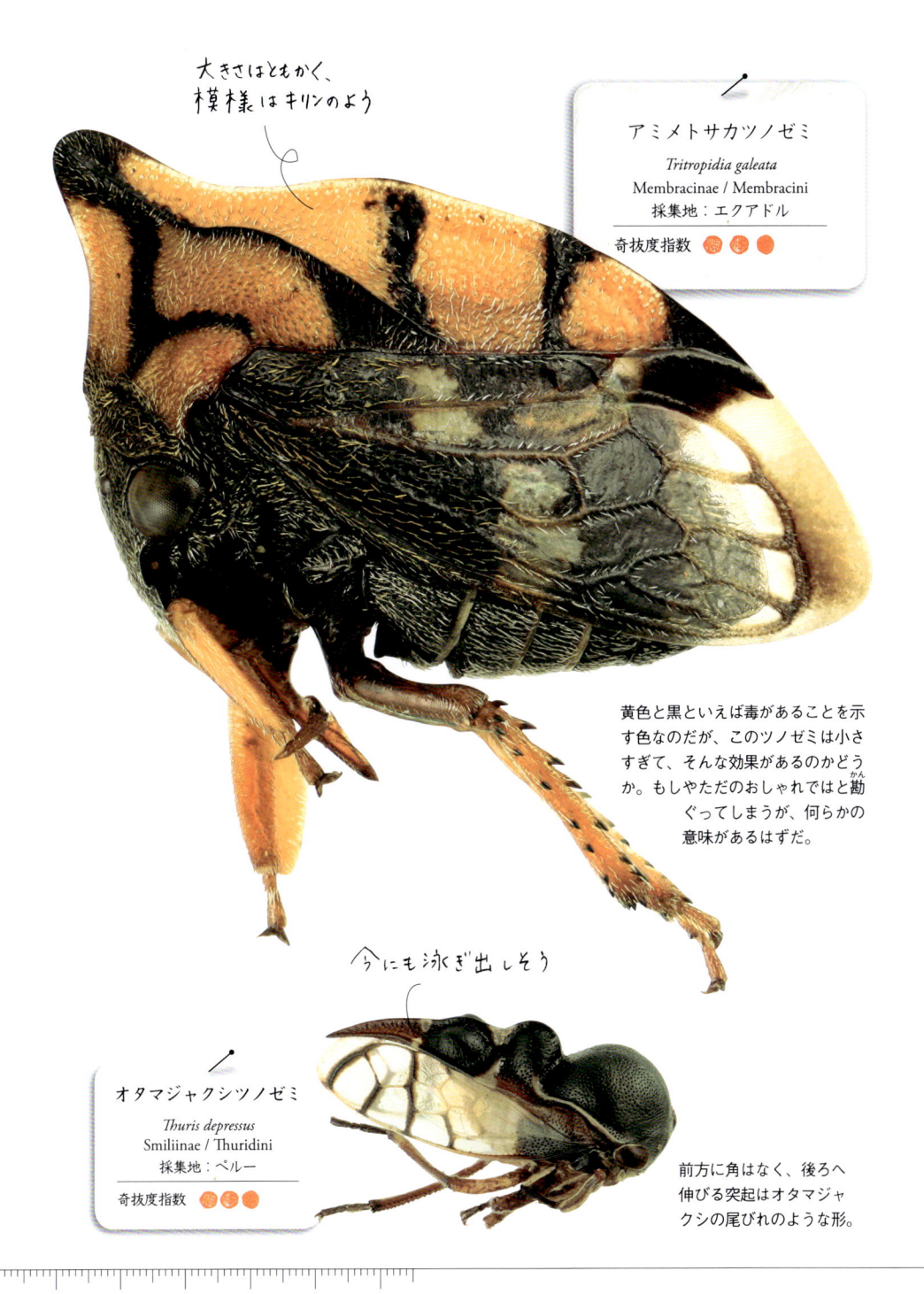

大きさはともかく、
模様はキリンのよう

アミメトサカツノゼミ
Tritropidia galeata
Membracinae / Membracini
採集地：エクアドル

奇抜度指数

黄色と黒といえば毒があることを示す色なのだが、このツノゼミは小さすぎて、そんな効果があるのかどうか。もしやただのおしゃれではと勘ぐってしまうが、何らかの意味があるはずだ。

今にも泳ぎ出しそう

オタマジャクシツノゼミ
Thuris depressus
Smiliinae / Thuridini
採集地：ペルー

奇抜度指数

前方に角はなく、後ろへ伸びる突起はオタマジャクシの尾びれのような形。

43

弧を描く角

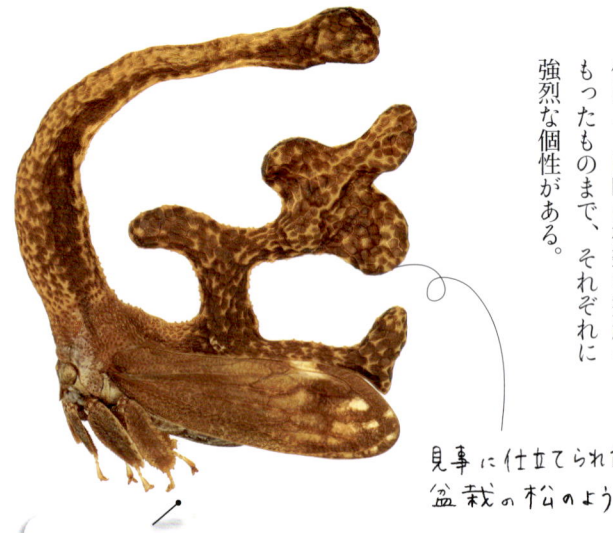

ツノゼミには極端な造形のものがいるけれど、このなかまの異様に長い角はその代表といえよう。長く伸びるという基本方針のもと、ひたすら伸びた簡素なものから、伸びると同時に複雑な突起をもったものまで、それぞれに強烈な個性がある。

見事に仕立てられた盆栽の松のよう

マツツノゼミ
Cladonota hoffmanni
Membracinae / Hypsoprorini
採集地：メキシコ

奇抜度指数

玉のよう

マメダヌキツノゼミ
Cladonota inflata
Membracinae / Hypsoprorini
採集地：グアテマラ

奇抜度指数

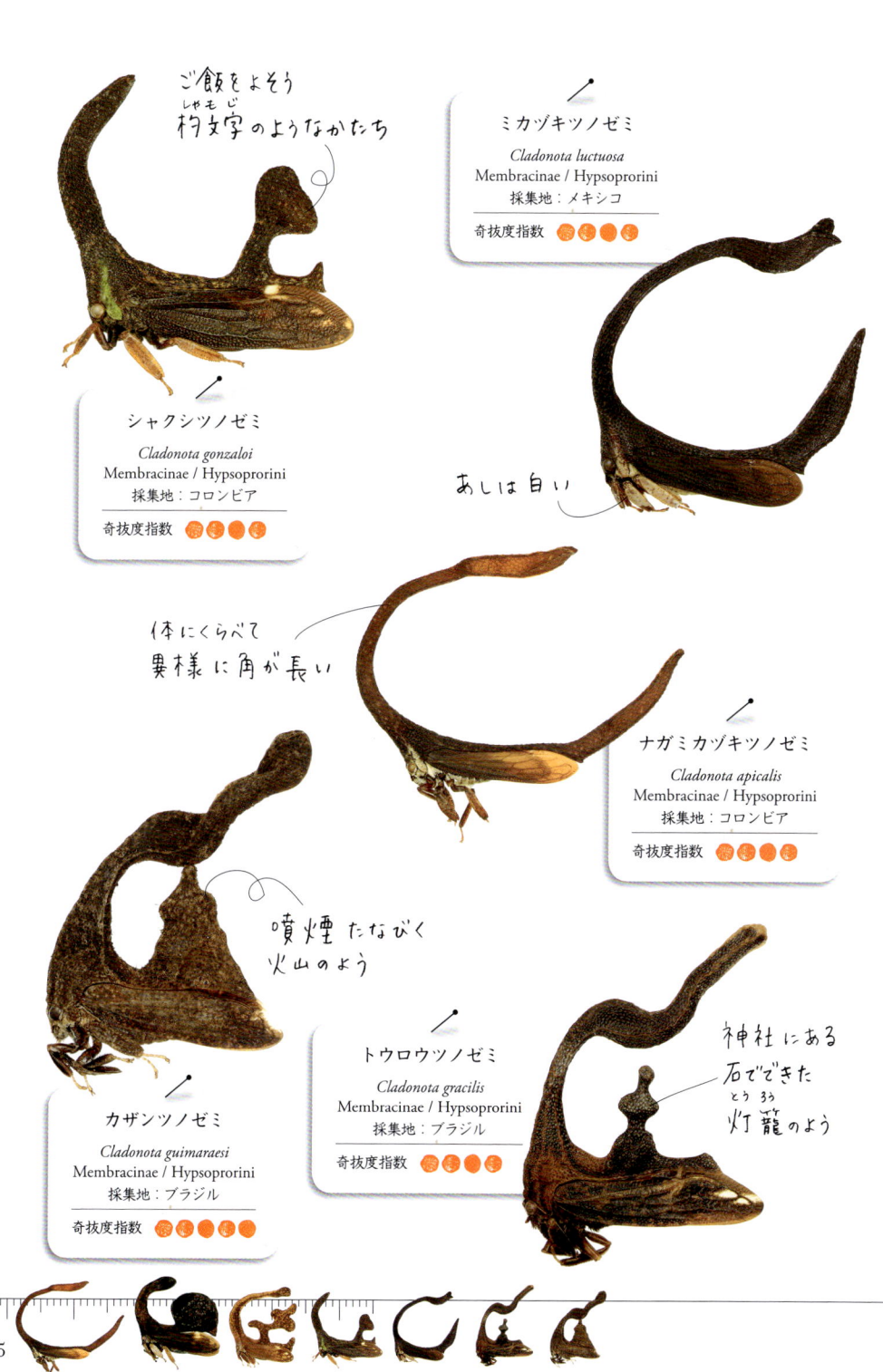

ご飯をよそう
杓文字(しゃもじ)のようなかたち

シャクシツノゼミ
Cladonota gonzaloi
Membracinae / Hypsoprorini
採集地：コロンビア
奇抜度指数

ミカヅキツノゼミ
Cladonota luctuosa
Membracinae / Hypsoprorini
採集地：メキシコ
奇抜度指数

あしは白い

体にくらべて
異様に角が長い

ナガミカヅキツノゼミ
Cladonota apicalis
Membracinae / Hypsoprorini
採集地：コロンビア
奇抜度指数

噴煙たなびく
火山のよう

カザンツノゼミ
Cladonota guimaraesi
Membracinae / Hypsoprorini
採集地：ブラジル
奇抜度指数

トウロウツノゼミ
Cladonota gracilis
Membracinae / Hypsoprorini
採集地：ブラジル
奇抜度指数

神社にある
石でできた
灯籠(とうろう)のよう

北上したツノゼミ

ツノゼミの大部分は熱帯にすむ。なかでも南米は宝庫である。南米と陸続きの北米には、北上したツノゼミが多数生息し、それらの一部はカナダのような寒冷地にまで進出している。

テングツノゼミ
Thelia bimaculata
Smiliinae / Smiliini
採集地：アメリカ合衆国
奇抜度指数

深山にすむという山神・天狗の鼻のような角

トンガリツノゼミ
Glossonotus turriculatus
Smiliinae / Smiliini
採集地：アメリカ合衆国
奇抜度指数

きれいに湾曲した角

キモンナガエボシツノゼミ
Enchenopa brevis
Membracinae / Membracini
採集地：アメリカ合衆国
奇抜度指数

2つの黄色い紋がある

46

カメンツノゼミ
Ceresa taurina
Smiliinae / Cerecini
採集地：アメリカ合衆国

奇抜度指数

黒い毛でおおわれる

少し盛り上がる

ナラノキツノゼミ
Cyrtolobus fuliginosus
Smiliinae / Smiliini
採集地：アメリカ合衆国

奇抜度指数

黒い筋がある

クロスジセダカツノゼミ
Telamona unicolor
Smiliinae / Smiliini
採集地：アメリカ合衆国

奇抜度指数

平らで地味

クロセマルツノゼミ
Acutalis tartarea
Smiliinae / Acutalini
採集地：アメリカ合衆国

奇抜度指数

なかまとの会話

ツノゼミには、種によって活発に飛び回るタイプと、植物からあまり離れずじっと動かないで暮らすタイプがいる。これはどうやらその容姿に関係しているらしい。

活発に動くタイプは角の大きさがそこそこの中型のものが多く、飛び回るのに適しているようだ。反対に、角が体に対してアンバランスに大きかったり、逆に小さいタイプはじっと静止していることが多い。角があまりにも大きいタイプは動きにくいだろうから、じっとしているのは容易に想像できる。角が小さいタイプは、動かない何かに体を似せて敵の視界から消える作戦をとっているようである。

それでは、行動力のあるタイプもほとんど動かないタイプも、なかまとの会話はどうしているのだろう。

昆虫はふつう、あまり目がよくない。目で見て状況を判断することの多い人間とは、コミュニケーションの方法がちょっとちがう。たとえば、ツノゼミといっしょにいることの多いアリは、匂いで会話をしている。暗いアリの巣の中で視力はもとより役に立たず、匂いの方が正確だ。アリが匂いを感じるのは頭から長く伸びた触角で、触角をせわしなく動かしてまわりの状況を知る。

なかま同士触角で触れ合って会話をしているのだ。

ツノゼミに近いセミのなかまは、音で会話をする。夏になるとそれはもう大音量で盛んに鳴いてメスを呼び寄せ、その声はどしゃぶりの雨のように降り注ぐ。セミのオスの腹は鳴き声を響かせるためにほぼ空洞になっていて、あのように大きい声が出せるのだ。

いっぽう、セミよりうんと小さいツノゼミも、ちゃんとなかまと会話をしていることが最近の研究でわかってきた。

ツノゼミがなかまに合図を送るときは、植物の上で腹をふるわせる。そうして起きた小さな小

48

トゲウサギツノゼミ Centrochares ridleyana の
幼虫と成虫（タイ）
何か会話をしているのだろうか

な振動は、植物の表面の皮の部分をふるわせ、そ
れが伝わって茎の先にいるほかのツノゼミに届く。
ツノゼミの起こす振動はセミの大音量にはほど遠
く、私たち人間には聞き取れない小さな小さな音
だ。とてもささやかなそのコミュニケーションは、
オスがメスを求める求愛のとき、なかまとのやり
とりのとき、また、敵が近づいたときの警告音や
幼虫が母親をよぶときなど、それぞれにちがいが
あると考えられている。

Old World

［アジア・アフリカ・オーストラリア］

地球の中心を帯のように一周する赤道。
ここは巨大な積乱雲が生まれる場所。
毎日降り注ぐスコールは、赤道周辺の陸地に
膨大な種類の植物を育む。
そうして生まれた熱帯雨林は野生生物の宝庫。
小さなツノゼミもその一員である。

熱帯の陽射しにきらめいて

青い金属光沢をもつツノゼミというのは、世界的にもわずかなグループにしか見られない。これらはアジアを代表する大型で美しいツノゼミのなかまである。

ニトウリュウツノゼミ
Centrotypus longicornis
Centrotinae / Centrotypini
採集地：ボルネオ島
奇抜度指数

刀のような角

とげをもつツノゼミはとても多いが、ここまで強靭（きょうじん）で長いとげのものも珍しい。外敵が飲み込むと喉に刺さりやすい形で、輝く色彩は、おそらくそのことに対する警告なのだろう。

道ばたのマメ科の植物に好んで集まる。
強い熱帯の陽射しの下で美しく輝く。

横に張り出す突起は幅広く、いかにも
飲み込みにくそうな形状に見える。

全体に
紫がかっている

少し茶色い

サファイアツノゼミ
Centrotypus flexuosus
Centrotinae / Centrotypini
採集地：マレー半島

奇抜度指数

アメシストツノゼミ
Centrotypus perakensis
Centrotinae / Centrotypini
採集地：マレー半島

奇抜度指数

上の方へ少し
湾曲している

オオニトウリュウツノゼミ (p.69)
Centrotypus laticornis
Centrotinae / Centrotypini
採集地：スマトラ島

奇抜度指数

まるで広いおでこ

横幅ではおそらく世界最大級のツノゼミ
だろう。黒みを帯びた渋い色をしている。

オオデコツノゼミ
Sinocentrus sp.
Centrotinae / Centrotypini
採集地：ベトナム

奇抜度指数

角の間が大きくふくらん
でいて、前から見ると巨
大な頭のように見える。

でこぼこしている

アバタデコツノゼミ
Emphusis sp.
Centrotinae / Centrotypini
採集地：ボルネオ島

奇抜度指数

強いしわとくぼみが刻まれ
た角の表面は、光を反射し
てきらきら輝いて見える。

53

糸を通したくなるような丸いすき間

マガタマツノゼミ
Camelocentrus sp.
Centrotinae / Leptocentrini
採集地：ラオス
奇抜度指数

黄緑色の地に茶色い模様がところどころに入った迷彩色。後方の突起が逆U字状に曲がり、変わった姿をしている。木の高いところに生息し、滅多に見ることのできない珍しい種である。

束になって生える白い毛が模様に見える

アカシアツノゼミ
Oxyrhachis rufescens
Centrotinae / Oxyrhachini
採集地：インド
奇抜度指数

後方の突起がしっぽのように長く伸び、しかも上に向いているところが愛らしい。

マーブル模様の迷彩服

ごくごく小さなツノゼミも、拡大して見るとさまざまな模様に彩られているのがわかる。なかでも大理石のようなまだら模様は、周囲に体をとけ込ませる効果があるようで、多くのツノゼミに見られる。

54

先の方にはまだらの模様

ナミセツノゼミ
Ebhul formicarium
Centrotinae / Ebhuloidesini
採集地：ベトナム

奇抜度指数

ぎょろりと飛び出た目と波打った背中が、ちょっと変わったツノゼミ。アリとの関係が深い。

突起がたくさんあって金平糖(こんぺいとう)のよう

コンペイトウツノゼミ
Coccosterphus sp.
Centrotinae / Gargarini
採集地：ベトナム

奇抜度指数

赤、黄、黒、白の4色に彩られた美しい翅は、小粋な着物のようである。

あちこちがとげとげしている

奇抜で目を引く形だが、茎などにとまっているところを遠目に見ると、葉の枯れた部分にしか見えない。

トゲウサギツノゼミ
Centrochares ridleyana
Centrotinae / Centrocharesini
採集地：タイ

奇抜度指数

とんがった奴ら

かれらの異常に先のとがった角は、うっかりさわると指に刺さる。敵に食べられたときに、痛さを学習してもらうためにあるのだろう。一度痛い目にあった敵は、二度とそのツノゼミには手を出さない。

二又に分かれた長い角

ツリバリツノゼミ
Micreune formidanda
Centrotinae / Micreunini
採集地：スマトラ島
奇抜度指数

船の碇（いかり）のよう

イカリツノゼミ
Leptobelus dama
Centrotinae / Leptobelini
採集地：マレー半島
奇抜度指数

シカツノゼミ
Elaphiceps neocervus
Centrotinae / 不明
採集地：ベトナム
奇抜度指数

5つに分かれた立派な角

56

弓なりに曲がる

雄牛の角のよう

ユミツノゼミ
Maarbarus sp.
Centrotinae / Maarbarini
採集地：ベトナム
奇抜度指数

オウシツノゼミ
Leptocentrus taurus
Centrotinae / Leptocentrini
採集地：タイ
奇抜度指数

後方の突起がなく、無防備な印象

大工さんが使うかねじゃく曲尺のよう

短く薄い突起

アトキリツノゼミ
Hemicentrus bicornis
Centrotinae / Leptocentrini
採集地：ベトナム
奇抜度指数

カネジャクツノゼミ
Anchon pilosum
Centrotinae / Centrotini
採集地：タイ
奇抜度指数

コガタナツノゼミ
Arcuatocornum sp.
Centrotinae / Lobocentrini
採集地：台湾
奇抜度指数

一寸の虫にも母の愛

あちこちに出っ張った突起をもつ動きにくそうな装いにもかかわらず、恋するツノゼミは案外行動的である。オスは枝から枝へ飛んだり跳ねたりと、活発に動き回って交尾相手のメスを探す。メスはたいていオスは決して強引に振る舞ったりしない。メスのそばまで近寄ると、そのまま置物のように動かなくなる。しばらくすると、メスの横を行ったり来たりした後、おもむろに前あしでそっとメスの体にふれる。なかには、メスの前で翅をぱっと広げて自分を印象づけるものもいる。メスが逃げないと確信できた時点で、やっと静かにメスの体の上にとまる。そのままじっと数時間過ごす場合もある。この長い時間のあいだ、オスとメスは何らかの交信をしているのではないかと考えられている。まるで相手の気持ちを尊重し、時間をかけて親密な関係を築く恋人たちのようである。

ツノゼミの交尾時間は長い。数時間から数十時間にまでおよぶという報告がある。交尾後、メスは数日以内に産卵行動に移る。まず、産卵するのによさそうな場所を丁寧に探す。手ごろな茎の太さ、直射日光が当たらない、雨がかからないなど。条件を満たす産卵場所が少ないのか、ときには一か所に密集して産卵することもある。

昆虫界では卵は産みっ放しが一般的だ。生まれた幼虫の世話はもちろん、卵の世話すらやらないのがふつうである。けれどもツノゼミの場合、産卵した後も母親は卵のそばを離れず守り続け、幼虫になっても保護し続ける種がいることが知られている。

ツノゼミの卵にとって最大の敵は、ツノゼミの卵に卵を産みつける微小な寄生バチである。ツノゼミの母親が卵を守っていれば、そのような輩は追いはらうことができる。

母親は葉の裏や茎などに卵を産むと、あしを広

卵と幼虫を守る
トガリヒメトゲツノゼミ
Ennya chrysura
（エクアドル）

げてその上にまたがり、体を沈めて卵を隠す。そのため、産んだ卵のかたまりは、母親の体長にほぼ一致する。卵を保護しているときの母親は何があってもその場所から離れない。卵を狙う敵が近づいたら翅をぶーんとふるわせ追いはらうこともある。幼虫を狙う敵が近づいたら、後ろあしでキックして積極的に反撃する種もいる。我が子を守るため、どんなに巨大な敵にも決して逃げずに立ち向かう。ほんの数ミリの体でも、子を思う心は等しく宿っている。一寸の虫にも五分の魂とは、ツノゼミのためのことばだ。

おかしすぎる
バランス感覚

おかしな形のツノゼミを見ていると、本当に飛べるのかと不思議に思うことがある。じっさいはすべてのツノゼミが飛べるのだが、大きな角をもつツノゼミは明らかに不器用に飛ぶ。不便そうなのによくやるなと感心してしまう。

マツタケではないので、よい香りはしない

世界に冠たる変わったツノゼミのひとつで、角の先端が巨大な球形になっており、まるで出たばかりの若いマツタケのような姿をしている。一見重そうに見えるが、中身は空洞である。何かをまねているというより、昆虫であることを放棄したような姿だ。

マツタケツノゼミ (p.68)

Funkhouserella bulbiturris
Centrotinae / Terentiini
採集地：ルソン島

奇抜度指数

60

「すごい」とか「不思議」などという意味の学名がついているが、じつに的を射ている。

カビのような白い粉をまとうツノゼミは少なくないが、このなかまはその量がとくに多い。

なんとも形容しがたい
奇っ怪な姿

フランス皇帝
ナポレオンの
三角帽子のよう

ニカクボウシツノゼミ
Bulbauchenia bakeri
Centorotinae / Terentiini
採集地：ミンダナオ島
奇抜度指数

キッカイツノゼミ
Bulbauchenia mirabilis
Centorotinae / Terentiini
採集地：ミンダナオ島
奇抜度指数

シロオビクワツノゼミ
Pyrgonota bifoliata
Centorotinae / Terentiini
採集地：ミンダナオ島
奇抜度指数

二又になっている

白い帯があり、
縁はとげとげしている

シメジの束の脇の方にある小さなシメジに似た雰囲気で、ちょうど大きさもそれくらい。

シメジツノゼミ
Funkhouserella binodis
Centorotinae / Terentiini
採集地：ルソン島
奇抜度指数

ほぼ垂直に伸びた角の先端に、鍬の先のような２つの突起がある。

カンザシツノゼミ
Hybanda bulbosa
Centrotinae / Hypsaucheniini
採集地：マレー半島
奇抜度指数

かんざしをした町娘

かわいい水玉模様

オオハタザオツノゼミ
Gigantorhabdus enderleini
Centrotinae / Hypsaucheniini
採集地：マレー半島
奇抜度指数

旗をふるツノゼミ

南米にくらべてアジアには地味な色合いのツノゼミが多いものの、珍妙な姿のものが少なくない。上に伸びた長い角の先に小さな二叉の突起があるようすは、まるで旗を掲げた旗竿のようである。角が短いものや旗のないものもいる。

62

旗竿というより釣竿

太めの竿にはとげがある

旗がやや大きい

ホソハタザオツノゼミ
Pyrgauchenia sp.
Centrotinae / Hypsaucheniini
採集地：ボルネオ島
奇抜度指数

クロハタザオツノゼミ
Hypsauchenia hardwicki
Centrotinae / Hypsaucheniini
採集地：ベトナム
奇抜度指数

クロカンザシツノゼミ
Hybanda anodonta
Centrotinae / Hypsaucheniini
採集地：マレー半島
奇抜度指数

角の先に旗はなく、鎌のような形

白い模様がある

短い突起があるだけ

カマツノゼミ
Hypsolyrium uncinatum
Centrotinae / Hypsaucheniini
採集地：ネパール
奇抜度指数

シロオビハタザオツノゼミ
Pyrgauchenia pendleburyi
Centrotinae / Hypsaucheniini
採集地：マレー半島
奇抜度指数

サオナシツノゼミ
Hybandoides sumatrensis
Centrotinae / Hypsaucheniini
採集地：マレー半島
奇抜度指数

63

ちび丸ツノゼミ

東南アジアでもっとも繁栄したツノゼミのなかまで、新種もまだまだたくさんいる。一見すると地味だけれど、よく見るとそれぞれに個性があって、これぞ本当のおしゃれさん。

夜空に浮かぶ朧月のよう

オボロヅキコツノツノゼミ
Tricentrus sp.
Centrotinae / Gargarini
採集地：フローレス島

奇抜度指数

黄色く長い毛でおおわれている

ツマグロコツノツノゼミ
Tricentrus selenus
Centrotinae / Gargarini
採集地：タイ

奇抜度指数

ずんぐりして 少し平たい

ズキンツノゼミ (p.69)
Sipylus piceus
Centrotinae / Gargarini
採集地：マレー半島
奇抜度指数

頭を下にすると 歩き出しそう

ナガグツツノゼミ
Tricentrus convergens
Centrotinae / Gargarini
採集地：ミンダナオ島
奇抜度指数

小さな白い毛束が 生えている

赤い網目がきれい

コフキマルツノゼミ
Gargara sp.
Centrotinae / Gargarini
採集地：タイ
奇抜度指数

ブチマルツノゼミ
Gargara sp.
Centrotinae / Gargarini
採集地：ボルネオ島
奇抜度指数

アミメマルツノゼミ
Gargara sp.
Centrotinae / Gargarini
採集地：スラウェシ島
奇抜度指数

全体に白い粉を まとっている

65

ツノゼミの一生

ツノゼミの寿命は種によっても異なるが、長くても2〜3か月。私たち人間にくらべると、とても儚（はかな）い命である。

卵から孵（かえ）った幼虫は、やわらかい茎や葉の先の方に移動して、針のような口を茎や葉に突き刺して汁を吸う。その後5回の脱皮を経験して成虫となる。

ツノゼミの幼虫はいもむしのような姿ではなく、ある程度親と似た形をしている。いもむしはさなぎになってチョウに変身するが、ツノゼミの幼虫は最後の脱皮をすると翅（はね）が生えて成虫になる。

ツノゼミには趣向を凝らした複雑な突起物をもつ種が多いけれど、どうやって脱皮するのだろう。じつは幼虫のころにこの大袈裟な突起物はほとんどない。あっても成虫とはまったく形が異なっている。幼虫の体はおおむね細長く、とげのようなものが背中から時おり出ているぐらいだ。そして最後の脱皮のときに、それまで殻の中に小さく縮こまり格納されていた突起物が現れるのである。

幼虫は体を植物に密着させて過ごし、動き回るようなことはほとんどない。親のように跳ねることもないし、もちろん翅（はね）がまだないので飛ぶこともできない。そのため、植物と一体化した目立たない模様をしているものが多い。葉の付け根で芽のふりをしてみたり、葉の表面に筋のように見えている葉脈のいちばん太い所にいたりして、自分の姿が目立たなくなる場所を不思議とわかっているのだ。

いよいよ最後の脱皮（羽化）をしようというそのとき、幼虫は針のようにとがった口を植物の茎に突き刺して体を固定する。このとき、葉に生えている毛を口に巻きつけて補強するものもいるという。羽化がはじまると、胸の背中側に裂け目ができて、最初に胸、続いて翅とあしが出てくる。最後に腹の先が出て脱出完了。半透明な白い体はしわくちゃで、何だか惨めな雰囲気だ。すると翅が見る見るうちに伸びていき、小さく縮こまって

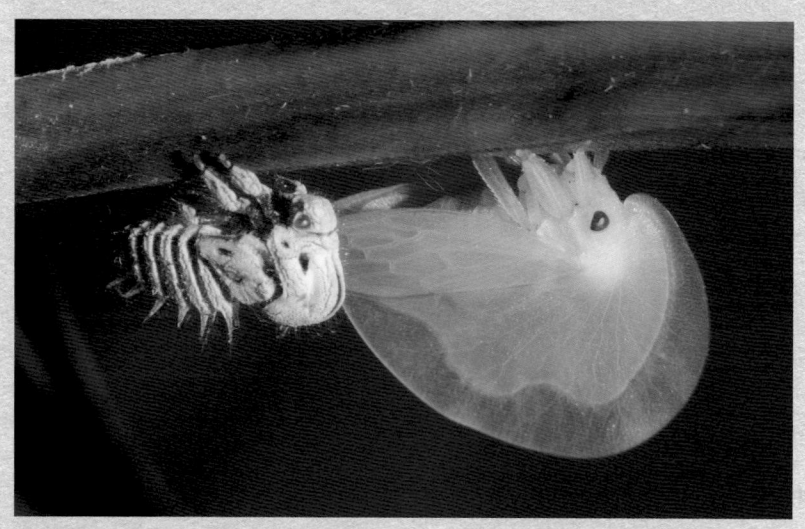

羽化直後の
マルエボシツノゼミの一種
Membracis sp.（エクアドル）
小さく格納されていた薄い突起と
翅が伸びきって、
あとは色づくのを待つのみ
（左がぬけ殻）

いた突起物も少しずつ伸びはじめる。複雑な突起物も風船がふくらむように完成していく。体に不釣り合いなほど巨大な突起も、こみ入った突起も中身は空っぽのことが多い。翅（はね）も角もへこみなくきれいに伸びきると、羽化したての白かった体も次第に色づいていく。これらすべての過程を無事終了すると、珍虫ツノゼミの誕生だ。

マツタケツノゼミ
Funkhouserella bulbiturris
(p.60)

コケツノゼミ
Smerdalea horrescens
(p.12)

正面からだとまたちがう
ツノゼミ顔面カタログ

ツノゼミは正面顔が味わい深い。
角のバリエーション同様、
こちらも千差万別。

イチゴツノゼミ
Heranice miltoglypta
(p.21)

ハチマガイツノゼミ
Heteronotus horridus
(p.18)

サキワレツノゼミ
Smilidarnis fasciatus
(p.35)

バラトゲツノゼミ
Umbonia spinosa
(p.26)

トゲカメノコツノゼミ
Todea cimicoides
(p.38)

68

ズキンツノゼミ
Sipylus piceus
(p.65)

フタバツノゼミ
Monocentrus laticornis
(p.70)

カサホネツノゼミ
Umbelligerus peruviensis
(p.13)

エントツツノゼミ
Ceraon vitta
(p.72)

キオビエボシツノゼミ
Phyllotropis fasciata
(p.20)

ヨコトゲツノゼミ
Antianthe expansa
(p.27)

オオニトウリュウツノゼミ
Centrotypus laticornis
(p.53)

アフリカのツノゼミ

アフリカの虫にはアフリカの雰囲気がある。うまく言い表せない上に非科学的だが、アフリカの森の精霊が宿っているとでもいうのだろうか。経験を積むとアフリカの虫は初めて出会ってもそれとわかる。

乾いた茶色と白はアフリカの虫の代表的な色調である。クワガタやカミキリ、多くのチョウにも見られる。不思議なことに、アフリカの民族衣装や装飾品の色調にも多く見られる。アフリカの風土から生まれたいちばん自然な色なのかもしれない。

正面から見ると芽生えたばかりの双葉(ふたば)のよう

フタバツノゼミ (p.69)
Monocentrus laticornis
Centrotinae / Centrotini
採集地：カメルーン
奇抜度指数

ごうごつして毛羽立っているようにも見える

コクチョウツノゼミ
Hamma pattersoni
Centrotinae / Centrotini
採集地：カメルーン
奇抜度指数

くねくねと伸びる後方の突起の先端に、黄色いとげが生えている。コクチョウの頭のようだ。

70

大きく曲がる

テンシツノゼミ
Xiphopoeus erectus
Centrotinae / Xiphopoeini
採集地：ケニア
奇抜度指数

角は背中に生えた羽のようで、白い衣をなびかせた天使に見える。

ふわりと飛ぶ人魂とはこんな形だろうか

角は短く、後方に伸びる突起は細くて優雅。学名は「美しい角」の意味。

ヒトダマツノゼミ
Tricoceps sp.
Centrotinae / Centrotini
採集地：カメルーン
奇抜度指数

白いまだら模様

マダラマルツノゼミ
Gargara asperula
Centrotinae / Gargarini
採集地：カメルーン
奇抜度指数

アフリカとアジアには、わずかに共通するグループがある。このなかまもアジアと共通の一群。

オーストラリアのツノゼミ

オーストラリアは珍獣の産地として有名であるが、ツノゼミにも変わったものが多い。しかも、ほとんどのグループがオーストラリアの狭い地域でしか見られない。これは、長い地球の歴史の比較的早い段階でオーストラリア大陸が孤立した影響である。

ツノゼミの角の形は千差万別だが、このように角柱状で、先端の途切れた形は珍しい。赤茶けたレンガ色というのも変わっている。後方の突起(はね)は長く、翅の形にぴたりと沿うように弧を描いている。翅の模様も角の色に近く、統一感のある洗練された造形といえる。

エントツツノゼミ (p.69)
Ceraon vitta
Centrotinae / Terentiini
採集地：オーストラリア
奇抜度指数

れんが造りの煙突のよう

美しい緑色

ミドリツノゼミ
Sextius virescens
Centrotinae / Terentiini
採集地：オーストラリア
奇抜度指数

南米にこれと似たツノゼミが多いが、ほとんど縁がない。むしろマツタケツノゼミ（p.60）に近いのだから進化というのはわからない。

南北に細長い日本は、亜熱帯から亜寒帯まで
バラエティーに富んだ風土が特徴である。
海を渡って冒険に出なくとも、
ふだんの見慣れた風景のどこかにツノゼミは暮らしている。

Japan
[日本]

そんじょそこらにいる昆虫

ツノゼミというと外国の虫という印象があるが、じつは日本でも十数種の記録がある。見た目は地味なものが多く、熱帯の種の珍奇さとはくらべるべくもないが、控えめな美しさのものが多い。

ニトベツノゼミ
Centrotus nitobei
Centrotinae / Centrotini
採集地：長野県

奇抜度指数

白く長い毛が美しい

日本最大のツノゼミで、マユミやコブシなどの限られた植物につく。本州の山地に見られる。

ツノゼミの見つけ方

非常に珍しくなかなか出会えないものも多いが、基本的には探せば見つかる昆虫である。まずは「ツノゼミの木」を見つけること。ツノゼミに好まれる木というものがあり、そういう木では多数のツノゼミを見つけることがある。見つけるときのいちばんの目印は、アリである。多くのツノゼミは甘い蜜を出すので、つねにアリがそばにいる。枝の先に人だかりならぬ「アリだかり」を見つければ、そこにツノゼミがいる確率は高い。または、ひたすらに枝先やつるの先っちょを見て回ったり、木の枝葉を大きな網ですくったりすると見つかる。慣れると飛んでいるツノゼミを見つけることもあるが、それにはよほどの執念かあるいは神通力が必要である。

その名もツノゼミ。ニトベツノゼミに似るが、より小型で角が短い。山地に見られる。

少し上に向く

モジツノゼミ
Tsunozemia paradoxa
Centrotinae / Gargarini
採集地：福岡県

奇抜度指数

全体に白い粉を吹いている

ツノゼミ
Butragulus flavipes
Centrotinae / Gargarini
採集地：熊本県

奇抜度指数

北九州市の門司で見つかったのが名前の由来。あまり多くないが、ヨモギを探すと見つかる。

日本でもっともふつうにいるツノゼミ。平地から山地まで、さまざまな植物で見つかる。

赤茶けた鳶色

オビマルツノゼミ
Gargara katoi
Centrotinae / Gargarini
採集地：熊本県

奇抜度指数

翅に茶色い帯がある

トビイロツノゼミ
Machaerotypus sibiricus
Centrotinae / Gargarini
採集地：熊本県

奇抜度指数

この種はハギなどのマメ科植物でよく見つかる。

深度合成写真撮影法とは？

小さな昆虫の撮影には限界があり、凹凸のある体全体にピントの合った写真を撮るのは難しい。ましてや鮮明な写真を撮るなどというのは今の機材では不可能である。そこで、標本を上下に動かして多数の写真を層状に撮影し、ピントの合った部分だけを最後にコンピューター上で合成するという方法が取られる。それが深度合成写真撮影法である。

光の当て方、強さなど撮影にいくつかのコツがいるが、それはまだ易しい。いちばん大変なのは、標本をきれいに

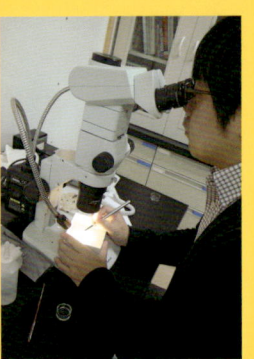

顕微鏡を使用しての標本クリーニング

ツノゼミに夢中

ツノゼミに目覚めたのはアメリカのシカゴに留学中の2007年のことだった。私は海外特別研究員として、アリの巣にすむ昆虫の研究にいそしんでいた。

長く厳しい冬が明け、芽吹き始めたばかりの森へ出かけたとき、思いがけず下草の葉の上にたくさんのツノゼミを見つけた。それも日本では見かけない姿のものばかりである。その年は折々さまざまなツノゼミに出会い、驚き、愛着と親しみを強めていった。

2009年に南米のエクアドルを訪れたとき、その愛着は情熱へと変わった。専門にしている別の昆虫の調査のついでであったが、毎日確実に新しいツノゼミに出会うにつれ、次第にかれらの珍奇な姿、美しい姿に夢中になっていった。エクアドルは本当にすごかった。たった1本の小さな木に、じつに20種近いツノゼ

ミを見つけることもあった。

帰国後、ツノゼミのことをもっと知ろうと、真剣に勉強を始め、知れば知るほど面白いこの虫にのめり込んでいった。

2010年は年明けからカメルーンに出かけた。炎天下の道路際で、強盗と熱射病を心配しつつ網をふり、いくつかの珍奇で素敵なアフリカらしいツノゼミを得ることができた。

春にはマレーシアにも出かけ、初めて出会うツノゼミに狂喜した。南米にくらべてずっと種数も個体数も少なく、派手なものも多くないが、研究が進んでおらず、新種らしきものも採集できた。

その年の夏、趣味と仕事を兼ねて手元にあるツノゼミの標本を撮影し、写真展を行った。このとき、ツノゼミを知らない人がとても多いことを知った。

秋にはタイと再びマレーシアを訪れ、

掃除することである。肉眼ではきれいに見える標本も、じつは細かいホコリにまみれており、写真に撮って初めて気づくことも多い。顕微鏡を覗きながら極細の筆で丹念にホコリを取る。それでも取りきれないときには、特殊な洗剤をつけて汚れを落とすこともあるが、気をつけないとツノゼミの体に生える細かい毛や自然な分泌物まで取れてしまうことがある。撮影から合成までは数分で終わるが、きれいな標本を準備するのには1匹で数時間を要することもあり、なかなか根気のいる作業である。

優しく静かに、が鉄則

研究のかたわら、いろいろなツノゼミを見つけた。マレーシアには7年も通っている調査地があるが、もったいないことにそれまでツノゼミに注目したことがなかった。今回はそこへ出かけると、私の影響でツノゼミ好きになった教え子と道路際の木を見て回りツノゼミを探した。ツノゼミは暗い林内よりも、明るい道路脇のような場所でよく見つかる。驚いたのは、先入観なく丹念に木を見ていた学生の方が私よりもよくツノゼミを見つけたことである。昆虫採集は奥が深い。

日本にはツノゼミ専門の本がこれまでほとんどなく、現在手軽に入手できる一般書はない。そのためにツノゼミの造形のすばらしさ、生活の面白さを知る人が少ないのが惜しかった。本書に出会った方が、ツノゼミという小さな虫の「大きさ」を少しでも知ってもらえればうれしい。

私はこれからもツノゼミを探して、世界の森を歩き回るだろう。

マラヤ大学演習林付近（マレーシア）。ツノゼミはこんな森林の縁に多い

Nassunia sp. ハツカネズミツノゼミ …… 42
Omolon laporti メノウツノゼミ …… 16
Smilirachis octilinea シマウマツノゼミ …… 42

● Membracinae（Subfamily 亜科）

—Aconophorini（Tribe 族）
Aconophora flavipes ケナガキノメツノゼミ …… 29
Aconophora sp. ケマダラキノメツノゼミ …… 29
Calloconophora argentipennis
　キンパツキノメツノゼミ …… 29
Guayaquila xiphias ミドリキノメツノゼミ 25、29

—Hoplophorionini（Tribe 族）
Alchisme tridentata フチドリツヅカドツノゼミ 26
Metcalfiella pertusa ハエツノゼミ …… 17
Umbonia spinosa バラトゲツノゼミ …… 23、26、68

—Hypsoprorini（Tribe 族）
Cladonota apicalis ナガミカブキツノゼミ …… 45
Cladonota gonzaloi シャクシツノゼミ …… 45
Cladonota gracilis トウロウツノゼミ …… 45
Cladonota guimaraesi カザンツノゼミ …… 45
Cladonota hoffmanni マツリツノゼミ …… 44
Cladonota inflata マメダヌキツノゼミ …… 44
Cladonota luctuosa ミカブツノゼミ …… 45
Hypsoprora albopicta モエクスツノゼミ …… 17、345
Hypsoprora expansa パンクズツノゼミ …… 31
Notocera brachycera チョコチップツノゼミ …… 31
Notocera crassicornis カビツノゼミ …… 17

—Membracini（Tribe 族）
Bolbonota sp. ムシクツノゼミ …… 17、25
Enchenopa brevis キモンナガエボシツノゼミ
　…… 46
Enchenopa concolor ユウヤケエボシツノゼミ 30
Enchophyllum quinquemaculatum
　イツモンタテエボシツノゼミ …… 20
Erechtia gibbosa ムシクリモドキツノゼミ …… 17
Leioscyta sp. チャイロヒメエボシツノゼミ …… 30
Membracis foliatafasciata マルエボシツノゼミ
　…… 20
Membracis sanguineoplaga
　アカモンマルエボシツノゼミ …… 21

Membracis sp. マルエボシツノゼミの一種 … 67
Phyllotropis fasciata キオビエボシツノゼミ
　…… 20、69
Tritropidia bifenestrata シロスジトサカツノゼミ
　…… 40
Tritropidia galeata アミメトサカツノゼミ …… 43

● Nicomiinae（Subfamily 亜科）

—Tolaniini（Tribe 族）
Tolania sp. ミミズクツノゼミ …… 42

● Smiliinae（Subfamily 亜科）

—Acutalini（Tribe 族）
Acutalis tartarea クロセマルツノゼミ …… 47

—Amastrini（Tribe 族）
Lallemandia nodosa ラクダツノゼミ …… 42

—Ceresini（Tribe 族）
Antonae nodosa アブクツノゼミ …… 34
Ceresa taurina カメンツノゼミ …… 47
Cyphonia clavata アリカツギツノゼミ … 24、36
Cyphonia clavigera アラメアリカツギツノゼミ
　…… 37
Cyphonia punctipennis
　ベッコウツキサジツノゼミ …… 37
Cyphonia sp. キスジツキサジツノゼミ …… 37
Cyphonia trifida ハラアカツキサジツノゼミ
　…… 33、37
Parantonae dipteroides
　ブンブクチャガマツノゼミ …… 34
Poppea rectispina ニンジンミツマタツノゼミ … 35
Poppea torva マーブルミツマタツノゼミ …… 35
Poppea vestigia クロミツマタツノゼミ …… 35

—Polyglyptini（Tribe 族）
Adippe zebrina ホオベニミズタマツノゼミ … 21
Dioclophara viridula コタネツノゼミ …… 28
Ennya chrysura トガリヒメトゲツノゼミ … 27、59
Ennya pacifica ヒメトゲツノゼミ …… 27
Entylia carinata エグレツノゼミ …… 31
Heranice miltoglypta イチゴツノゼミ … 21、68
Notogonioides erythropus

　アカアシマルトゲツノゼミ …… 27
Polyglypta costata ムギツノゼミ …… 28

—Smiliini（Tribe 族）
Antianthe expansa ヨコトゲツノゼミ … 27、69
Cyrtolobus fuliginosus ナラノキツノゼミ …… 46
Glossonotus turriculatus トンガリツノゼミ … 46
Telamona unicolor クロスジセダカツノゼミ … 47
Thelia bimaculata テングツノゼミ …… 46

—Thuridini（Tribe 族）
Thuris depressus オタマジャクシツノゼミ … 43

—Tragopini（Tribe 族）
Anobilia luteimaculata テントウツノゼミ …… 38
Colisicostata sp. ツヤケシカメノコツノゼミ
　…… 39
Horiola picta ヨセギザイクツノゼミ …… 39
Todea cimicoides トゲカメノコツノゼミ 38、68
Tragopa irrorata ウルシヌリツノゼミ …… 39
Tropidolomia auricularia
　ニジモンカメノコツノゼミ …… 39

● Stegaspidinae（Subfamily 亜科）

—Microcentrini（Tribe 族）
Smerdalea horrescens コケツノゼミ …… 12、68

—Stegaspidini（Tribe 族）
Bocydium tintinnabuliferum ヨツコブツノゼミ
　…… 8
Lycoderides fuscus トッテツキツノゼミ …… 12
Oeda mielkei ツヤセミツノゼミ …… 12
Stegaspis fronditia カレハツノゼミ …… 13
Umbelligerus peruviensis カサハネツノゼミ
　…… 13、69

● 不明（Subfamily 亜科）

—不明（Tribe 族）
Smilidarnis fasciatus サキワレツノゼミ 35、68

SPECIAL THANKS

伊藤年一（ネイチャー・ライター）
岡島賢太郎（株式会社 地域環境計画）
金杉隆雄（群馬県立ぐんま昆虫の森）
紙谷聡志（九州大学）
烏山邦夫（カトリック鯛ノ浦教会）
加冷麻美（九州大学）
工藤誠也（弘前大学）
神代 瞬（九州大学）
小松 貴（信州大学）
知久寿焼（ツノゼミ研究家・音楽家）
西田賢司（コスタリカ大学）
久富倫子（九州大学）
藤野理香（九州大学）
別府進一（高知県立高知丸の内高等学校）
堀 繁久（北海道開拓記念館）

山内英治（昆虫専門店ヘラクレス・ヘラクレス）
Albino M. Sakakibara（パラナ連邦大学）
Mick D. Webb（ロンドン自然史博物館）
Rosli Hashim（マラヤ大学）
Watana Sakchoowong（タイ国立公園局）
Stuart H. McKamey（スミソニアン研究所）

生物につけられる学名は世界共通で、1種につきひとつの学名が割りふられます。しかし、日本に分布しない生物に日本語の名前をつけるのには、とくにルールがありません。ツノゼミは未知の部分が多く、分類もまだはっきりしていない昆虫です。この本を手にとった多くの方には、馴染みのない昆虫かもしれません。そこで、親しみをもっていただくために、それぞれに日本語の愛称をつけました。

INDEX

MEMBRACIDAE ツノゼミ科

● Centrotinae（Subfamily 亜科）

—Centrocharesini（Tribe 族）
Centrochares ridleyana トゲウサギツノゼミ ………… 49、55

—Centrotini（Tribe 族）
Anchon pilosum カネジャクツノゼミ ………… 57
Centrotus nitobei ニトベツノゼミ ………… 74
Hamma pattersoni コクチョウツノゼミ ………… 70
Triceceps sp. ヒトダマツノゼミ ………… 71
Monocentrus laticornis フタバツノゼミ … 69、70

—Centrotypini（Tribe 族）
Centrotypus flexuosus サファイアツノゼミ ………… 53
Centrotypus laticornis オオニトウリュウツノゼミ ………… 53、69
Centrotypus longicornis ニトウリュウツノゼミ … 52
Centrotypus perakensis アメシストツノゼミ … 53
Emphusis sp. アバタデコツノゼミ ………… 53
Sinocentrus sp. オオデコツノゼミ ………… 53

—Ebhuloidesini（Tribe 族）
Ebhul formicarium ナミセツノゼミ ………… 55

—Gargarini（Tribe 族）
Butragulus flavipes ツノゼミ ………… 75
Coccosterphus sp. コンペイトウツノゼミ ………… 55
Gargara asperula マダラマルツノゼミ ………… 71
Gargara katoi オビマルツノゼミ ………… 75
Gargara sp. アミメマルツノゼミ ………… 65
Gargara sp. コフキマルツノゼミ ………… 65
Gargara sp. プチマルツノゼミ ………… 65
Gargara sp. マルツノゼミの一種 …… 40、41
Machaerotypus sibiricus トビイロツノゼミ ………… 75
Sipylus piceus ズキンツノゼミ ………… 65、69
Tricentrus convergens ナガクツツノゼミ ………… 65
Tricentrus selenus ツマグロコツノツノゼミ ………… 64
Tricentrus sp. オボヅキコツノツノゼミ ………… 64
Tricentrus sp. コツノツノゼミの一種 …… 24
Tsunozemia paradoxa モジツノゼミ ………… 75

—Hypsaucheniini（Tribe 族）

Gigantorhabdus enderleini オオハタザオツノゼミ ………… 15、62
Hybanda anodonta クロカンザシツノゼミ …… 63
Hybanda bulbosa カンザシツノゼミ ………… 62
Hyboidoides sumatrensis サオナシツノゼミ …… 63
Hypsauchenia hardwicki クロハタザオツノゼミ ………… 63
Hypsolyrium uncinatum カマツノゼミ ………… 63
Pyrgauchenia pendleburyi シロオビハタザオツノゼミ ………… 63
Pyrgauchenia sp. ホソハタザオツノゼミ …… 63

—Leptobelini（Tribe 族）
Leptobelus dama イカリツノゼミ ………… 56

—Leptocentrini（Tribe 族）
Camelocentrus sp. マガタツノゼミ ………… 54
Hemicentrus bicornis アトキリツノゼミ ………… 57
Leptocentrus taurus オウシツノゼミ …… 41、57

—Lobocentrini（Tribe 族）
Arcuatocornum sp. コガタナツノゼミ ………… 57

—Maarbarini（Tribe 族）
Maarbarus sp. ユミツノゼミ ………… 57

—Micreunini（Tribe 族）
Micreune formidanda ツリバリツノゼミ ………… 56

—Oxyrhachini（Tribe 族）
Oxyrhachis rufescens アカシアツノゼミ ………… 54

—Terentiini（Tribe 族）
Bulbauchenia bakeri ニカクボウシツノゼミ …… 61
Bulbauchenia mirabilis キッカツノゼミ ………… 61
Ceraon vitta エントツツノゼミ ………… 69、72
Funkhouserella binodis シメジツノゼミ ………… 61
Funkhouserella bulbiturris マツタケツノゼミ ………… 60、68
Pyrgonota bifoliata シロオビクワツノゼミ …… 61
Sextius virescens ミドリツノゼミ ………… 72

—Xiphopoeini（Tribe 族）
Xiphopoeus erectus テンシツノゼミ ………… 71

—不明（Tribe 族）
Elaphiceps neocervus シカツノゼミ ………… 56

● Darninae（Subfamily 亜科）

—Cymbomorphini（Tribe 族）
Cymbomorpha vaginata フナガタツノゼミ … 27

—Darnini（Tribe 族）
Darnis lateralis キベリシズクツノゼミ ………… 11
Stictopelta squarus バナナシズクツノゼミ …… 10

—Hemikypthini（Tribe 族）
Hemikyptha atrata クロツヤナメクジツノゼミ ………… 10

—Hyphinoini（Tribe 族）
Eualthe laevigata ネコツノゼミ ………… 11
Hyphinoe obliqua ゾウツノゼミ ………… 11

● Endoiastinae（Subfamily 亜科）

—Endoiastini（Tribe 族）
Endoiastus caviceps ツノナシツノゼミ ………… 31

● Heteronotinae（Subfamily 亜科）

—Heteronotini（Tribe 族）
Anchistrotus discontinuus ヘルメットツノゼミ ………… 16
Heteronotus broomfieldi フクラミハチマガイツノゼミ ………… 19
Heteronotus delineatus ナガハチマガイツノゼミ ………… 19
Heteronotus flavolineatus キスジハチマガイツノゼミ ………… 19
Heteronotus horridus ハチマガイツノゼミ ………… 18、68
Heteronotus quadrinodosus アリマガイツノゼミ ………… 19
Heteronotus reticulatus アミメハチマガイツノゼミ ………… 18
Heteronotus spinosus トラハチマガイツノゼミ ………… 18
Heteronotus vandamei ヒメハチマガイツノゼミ

REFERENCES

林正美・遠藤俊次, 1985. ツノゼミの生活. インセクタリウム, 22(8): 216-222.（財団法人東京動物園協会）
森島啓司, 1992. 森の小さな竜―ボリビアとペルーのツノゼミ. アニマ, (235): 74-80.（平凡社）
森島啓司, 2005. ものまね名人 ツノゼミ. 月刊たくさんのふしぎ, (238)（福音館書店）
阪口浩平, 1981.『図説世界の昆虫2 東南アジア編II』（保育社）
阪口浩平, 1983.『図説世界の昆虫4 南北アメリカ編II』（保育社）
複数著者, 1983,1985,1990,1991. 日本セミの会々報 CICADA.（日本セミの会）
袁鋒・周尭編著, 2002.『中国动物志 昆虫纲28 同翅目：角蝉总科・犁胸蝉科・角蝉科』（科学出版社）
Fowler, W. W., 1894-1909. Biologia Centrali-Americana:Insecta, Rhynchota, Hemiptera-Homoptera Vol. II, Part 1: 1-173, pls. 1-10.
Funkhouser, W. D., 1951. Genera Insectorum, 208: 1-383.
Goding, F. W., 1932, 1934, 1939, 1949, 1950, 1951. Journal of New York Entomological Society, 40: 205-234, pls. 2-4; 42: 451-478; 47: 315-345; 57: 267-272; 58: 117-129; 58: 251-268.
Godoy, C., X. Miranda & K. Nishida, 2006.『Treehoppers of tropical America』(INBio)
McKamey, S. H., 1998. Memoirs of the American Entomological Institute, 60: 1-377.
Prud'homme, B., et al., 2011. Nature, 473, 83-86.
Wallace, M. S. & L. L. Deitz, 2004. Memoirs on Entomology, International, 19: [i]-iv, 1-377.
Wood, T. K. 1993. Annual Review of Entomology, 38: 409-435.

著者紹介

丸山　宗利（まるやま　むねとし）

1974年東京都出身。北海道大学大学院農学研究科博士課程修了。博士（農学）。九州大学総合研究博物館助教。大学院修了後、日本学術振興会の特別研究員として3年間国立科学博物館に勤務。2006年から1年間、同会の海外特別研究員としてアメリカ・シカゴのフィールド自然史博物館に在籍。08年より現職。アリと共生する好蟻性昆虫の分類学、形態学、系統学を研究。主にヒゲブトハネカクシ亜科の昆虫が専門。シカゴ在任中にツノゼミと深度合成写真撮影法に出会う。帰国後、高価な機材を必要としない深度合成写真撮影法を考案し、研究のかたわら、さまざまな昆虫の撮影も行っている。

調査協力を依頼した、
マレーシアの先住民族
オラン・アスリのおじいさんと

標本写真　丸山宗利
写真提供　小松貴（信州大学）[p.6-7,24-25,33,40-41,49,50-51,73,77]
　　　　　ネイチャー・プロダクション／Minden Pictures [p.23,59,67]
撮影協力　九州大学総合研究博物館・群馬県立ぐんま昆虫の森
文　　　　丸山宗利・佐藤暁
構　成　　ネイチャー・プロ編集室
デザイン　鷹觜麻衣子
文字・絵　Rei
製　版　　石井龍雄（トッパングラフィックコミュニケーションズ）
編　集　　福島広司・鈴木恵美・前田香織（幻冬舎）
見返し図　「Fowler, W. W., 1894-1909. Biologia Centrali-Americana」より

ツノゼミ　ありえない虫

2011年6月25日　第1刷発行
2023年4月25日　第6刷発行

著　者　　丸山宗利
発行者　　見城　徹
発行所　　株式会社 幻冬舎
　　　　　〒151-0051　東京都渋谷区千駄ヶ谷4-9-7
　　　　　電話　03-5411-6211（編集）　03-5411-6222（営業）
　　　　　公式HP　https://www.gentosha.co.jp/
印刷・製本　凸版印刷株式会社

検印廃止

万一、落丁乱丁のある場合は送料小社負担でお取替致します。小社宛にお送り下さい。
本書の一部あるいは全部を無断で複写複製することは、法律で認められた場合を除き、著作権の侵害となります。
定価はカバーに表示してあります。
©Munetoshi Maruyama, NATURE EDITORS, GENTOSHA 2011
ISBN978-4-344-02011-5　C0072
Printed in Japan
この本に関するご意見・ご感想は、下記アンケートフォームよりお寄せください。
https://www.gentosha.co.jp/e/

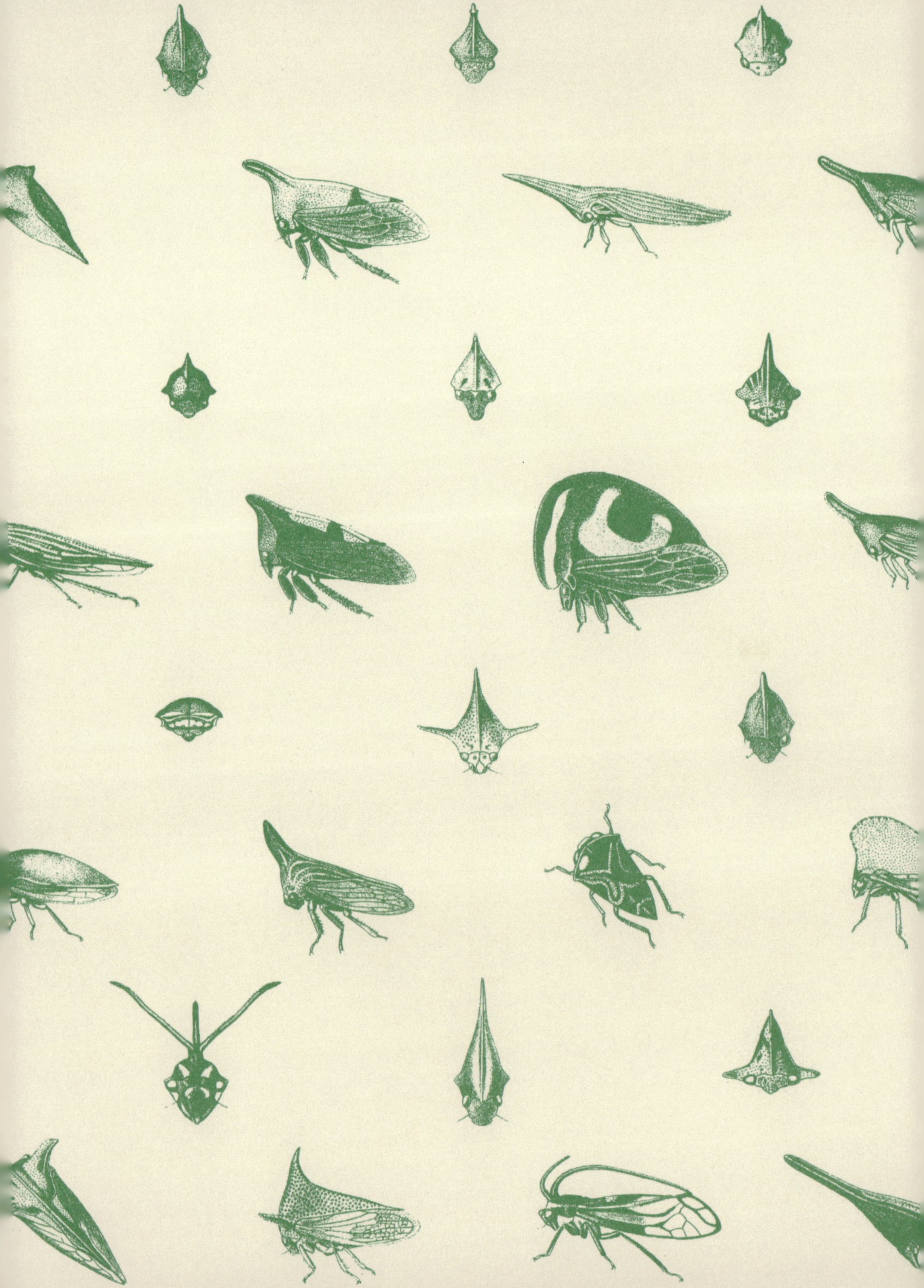